『エチオピア農村社会の変容』正誤表

◆12頁20行目から13頁4行目まで

（誤）第II部では、帝政期とデルグ政権時代を中心に、エチオピアにおける土地制度と農業政策の変遷を概観する。第4章で帝政期（一八五五～一九七四年）、第5章でデルグ政権（一九七四～一九九一年）をとりあげ、エチオピア農村部において重要な資産である土地に関する制度と、主要な経済活動である農業政策の変遷を示す。
　第III部では、EPRDF政権下における農村変容を、土地制度を中心に検討する。

（正）第II部では、まずエチオピアの土地制度の歴史的変遷を概観した後、EPRDF政権期において、国家と人々との相互作用によってどのように土地制度が実践されてきたかを検討する。第4章では、帝政期（一八五五～一九七四年）とデルグ政権期（一九七四～一九九一年）における土地制度と土地政策を概観する。第5章以降で、EPRDF政権下における農村変容を、土地制度を中心に検討する。

◆13頁8-12行目

（誤）	第6章	（正）	第5章
	第7章		第6章
	第8章		第7章
	第IV部		第III部
	第III部		第II部
	第9章		第8章
	第10章		第9章

◆47頁、表3-3の「該当章」上から

（誤）	4	（正）	8
	3		5
	4		8
	3		5
	4		9
	3		7
	4		6

◆156頁9行目

（誤）一二人　（正）一三人

◆177頁15行目

（誤）アムハラ州　（正）エチオピア

地域研究ライブラリ 9

エチオピア農村社会の変容

ジェンダーをめぐる慣習の変化と人々の選択

児玉由佳

昭和堂

はじめに

一九九〇年代後半からエチオピア北部アムハラ州の農村で調査を行っているが、一見しただけでは大きな変化が起きたようには見えない。村一帯は畑が広がり、工場やスーパーマーケットができたといった話は聞かない。畑では相変わらず牛を使って耕作しているし、灌漑は導入せずに天水に依存した農業を行っている。見た目の変化を挙げるのであれば、幹線道路が近くに開通した、藁ぶき屋根がトタン屋根に代わった、電気がきた、甕を背負って川に水汲みに行っていたのがあちこちに水汲みポンプが設置されたなどであろうか。

しかし、知り合いの家を訪問するとさまざまな変化が起きていることがわかる。特に目立つのが高齢化である。子どもたちが跡を継がずに都市部へ仕事を探しに移住してしまうのだ。出会ったときに三〇代だった夫婦が六〇歳を超えても夫婦で農作業をしている姿（写真1）は、元気でなによりと思うものの、かつて子どもたちでにぎわっていた家が二人だけとなっている光景には寂しさを感じる。

初めて調査地を訪れたのは一九九八年のことである。当時私は、羊皮の流通の調査をしていた（児玉 二〇〇一）。そのとき知りたかったのは、ほとんどが輸出に回ってしまう羊皮の国際価格の変動が、情報入手の困難な皮の原産地においてどのように反映されるのかというものだった。そのため、羊皮を追って、そこそこ皮を出荷しているけれども地理的には「僻地の村」を探していった。幹線道路をはずれ、道なき道を行き、橋のない川を渡ってたどり着いたのが本書の対象となる調査地である。当時は電気も水道もなく、週に二回市が立つときだけ人が集まる「村」に私は住み込むことにした。

羊皮の売買価格がわかるのは、週二回の市の日である。そのときは、周辺からも多くの農民たちが、羊皮だけでな

写真1　老夫婦二人で田起こし（2023年10月18日、筆者撮影）

く、穀物や野菜を抱えてやってきて、それを売ったお金で日用品などを買っていった。羊皮の調査の出番はこの週二日となる。

そのため、残りの日には周辺の町の皮商人を訪ねたりもしていたが、ふと思い立って住み込んでいる「村」の人たちを訪問して、仕事や家族構成などを聞いてまわることにした。そこでわかったのは、ここに住んでいる人々の多くは農民ではなく、市にやってくる人々を対象に商売をする商人や飲食業の人たちだったということである。ここは「村」ではなく「町」としての機能を果たしていた。そして、農民が多く住む「村」にたどりつくためには、ここからさらに三〇分〜一時間徒歩で行く必要があるということがわかった。高度二四〇〇メートル前後に位置するこの地域で、長時間歩き続けることのできない私は、馬やラバを借りて周辺の村を訪ねていくこととなった。

馬の手配など事前準備が面倒なので、一回村にいったらそのまま、その村の村長の家に泊まらせてもらい、あちこちの家を訪ねてまわった。そしてそれは新型コロナウイルス感染拡大が始まる前の二〇一九年まで続く。その間に農村‐都市といった簡単な二分法では割り切れない農村部の多層な構造がわかってきた。私の住み込んだ「町」は、周辺農村からやってきた人々を受け入れ、農村の人々との商業活動によって成立しているのと同時に、周辺の都市への頻繁な行き来によって農村との架け橋となっていた。その一方で、農村の人々も「町」を経由することなく、アムハラ州外に出稼ぎに行くなど、行動範囲は意外に広い。

そして、調査地を何度も訪問していると、人々の生活が少しずつ変わっていくのがわかる。一番顕著なのが子どもたちのいた世帯である。小さかった子どもたちも二〇年たてば成人していく。そうすると、その家から姿を消す。昔なら結婚して近くに家を構えてともに農業に励むところだが、比較的裕福な家ほど、子どもたちは町に出て教育を受け、そのまま戻らないことが多い。そして冒頭のような情景へとつながる。

これまでの筆者の農村調査は、その時々の問題意識をもとに行ってきた。しかし、改めてこれらの調査を見返すと、調査地の人々が深刻化する土地不足の中で、土地へのアクセスを求めて慣習の修正も含めてさまざまな手段を講じてきたことがわかってきた。そして今、農村での生活は限界に直面しており、若い世代は農業にとどまらない新たな生計手段を模索している。

主な調査時期である一九九〇年代後半から二〇一九年までのエチオピアは、比較的政治的に落ち着いていたが、それでも国家との関係や経済状況に応じて農村部も影響を受けて変化していった。高齢化やグローバル経済などによる影響は、エチオピアに限らず多くの国々が経験している。しかしその経過は、その国や地域に固有の道筋をたどることになる。本書は、エチオピア・アムハラ州農村部の四半世紀における人々の生活の変化を、土地と若者を中心に追いかけた調査の記録である。

目　次

序　章　農村に変化をもたらすもの——課題の設定

農村社会が変化するとはなにを意味するのだろうか。農業が経済活動の中心であることを考えると、農業生産物の変化がまず念頭に浮かぶが、それに加えて、農業生産に不可欠な土地に関する制度や慣習も農村社会の変化においては大きな役割を果たしている。そして、そのような変化と密接に関係をもつ、その社会での権力構造の変化や新たな経済活動なども重要である。さらに、国家によるさまざまな政策やグローバル化がもたらす新たな経済機会または弊害によって、その変化は複合的な形をとる。

序章では、まず、アフリカ農村社会の変化に関するこれまでの議論を概観する。先行研究をたどっていく中で考慮すべきことは、これらの学術的な議論と並行して、アフリカ農村社会自体がその議論の如何にかかわらず変容していることである。たとえば、本章でまずとりあげるヒデーンの「情の経済」の議論は、アフリカ社会主義の限界のみえてきた一九八〇年代後半に発表されており、国家主導の経済政策がうまく機能していないことが明らかになってきた時期のものであった（Hyden 1986, 1987）。そして、ブライソンが指摘した「脱＝農業化」の議論は、ソビエト連邦崩壊などで一九九〇年前後に冷戦が終結したことで、共産主義に対する自由経済主義の勝利が広く喧伝されるようになった時期でもある。「脱＝農業化」の議論は、このような潮流に対抗して、グローバリゼーションの名のもとに多国籍企業などが発展途上国の小農を搾取していることに警鐘をならすものであった（Bryceson, Kay, and Mooij 2000;

Bryceson and Jamal 1997）。

エチオピアでもソ連崩壊とほぼ期を同じく一九九一年に、自由経済を支持するエチオピア人民革命民主戦線（Ethiopia Peoples' Revolutionary Democratic Front: EPRDF）が、社会主義を標榜する軍事独裁政権を武力で打倒し、政権に就いた。それからすでに三〇年以上が経過し、国家統制経済の記憶は薄れ、ひとびとの経済活動や移動が活発になってきている。その一方で、政治的抑圧と表裏一体ではあるが、さまざまな制度の整備が進んできている（児玉二〇一七）。制度が整うということは同時に、国家の権力が農村社会まで浸透してきていることを意味する。これまでの先行研究を踏まえて、本書が設定した課題を提示する。

1 アフリカ農村に変化をもたらすもの

1-1 捕捉されない農民

古典的なものとしては、農村社会の外部からの介入に対する農民の反応についての、ヒデーン（Hyden 1980）を中心とした議論が挙げられる。ヒデーンの *Beyond Ujamaa in Tanzania: Underdevelopment and an Uncaptured Peasantry*（1980）と *No Shortcuts to Progress: African Development Management in Perspective*（1983）では、アフリカの農民は、「捕捉されないアフリカの小農（uncaptured African peasantry）」として、変化を拒否し、外部から変えらないものとして論じられている。ヒデーンがモデルとして提示した「捕捉されない小農」は、アフリカの農村部に居住して農業を主な生計としており、農村の伝統的な社会ネットワークに依存することで開発プロジェクトのような外部からの介入を受け入れない人々を指している。ヒデーンは、このような農民の活動を「情の経済（Economy of Affection）」と名付けた。

このようなヒデーンの議論に対して、新マルクス主義者たちが反論している（Cliffe 1987; Kasfir 1986; Williams 1987）。*1

そして、これらの議論が掲載されたのと同じ*Development and Change*誌において、ヒデーンは、これらの批判に対する反論を行った（Hyden 1986, 1987）。

新マルクス主義者であるクリフは、アフリカの農村社会は完全に閉じているわけではなく、少なくとも経済的には商品作物の栽培などで外部の経済に取り込まれていると主張した。農村内の経済活動も雇用労働などで賃金のやり取りが生じており、資本主義的な経済活動はすでに存在していることを指摘している（Cliffe 1987）。捕捉されない小農がアフリカ農業の桎梏であり、資本主義浸透に対する障壁であるというヒデーンの主張について、クリフは厳しく批判している（Cliffe 1987, 633-634）。そして、市場や国家との複雑な関係性を踏まえたうえで、アフリカの農民の一般化をめざすのではなく、具体的な事例を分析することで適切な開発アジェンダを考えるべきであると主張した。

*Development and Change*誌におけるヒデーンと新マルクス主義者たちの議論は、結局結論がでないままに終わったが、「最後の反論（Final Rejoinder）」と題したヒデーンの論文では、クリフたちの批判を踏まえて、情の経済についての経済学的な説明を試みている（Hyden 1987）。ヒデーンは、新マルクス主義者のような唯物論的な経済分析に対して、農民がどのような価値観を重視しているのかを理解する必要性を訴えた。農村社会内部の人間関係や、親族（kin）や氏族（linage）などのネットワークに基づいた互酬性の維持が、農民にとっては利益の最大化よりも重要であるということを指摘したのである。さらに、これは必ずしも因襲に固執しているからではなく、農村社会で生活していくにあたってのリスクの最小化にも寄与していると論じている。

アフリカの農民は、利益最大化をめざすのではなく、生存戦略としてリスク最小化のために親族などのネットワークを利用するという議論は、現在では広く受け入れられている。しかし、当時のヒデーンの主張は、農民の生存戦略が当時の利益最大化を前提とした経済開発戦略と相容れないためにアフリカ経済は成長できないという問題提起であり、注目を浴びたものの、当時さまざまな批判にさらされたといえる。*2

1-2 歴史とともに変化する慣習

ヒデーンの主張とは異なる形ではあるが、持続可能な生計アプローチ（Sustainable livelihood approach）など社会関係資本と関連する議論でもこのような親族ネットワークは注目されている（Scoones 1998; Baird and Gray 2014）。エリス（Ellis 1988, 11-12）は、ヒデーンの「情の経済」や東南アジアにおける同様の議論であるスコットの「モラルエコノミー」（Scott 1976）に対して、「互酬性の役割を認識するために、まったく異なる農民経済論理を呼び出す必要はない」として、「情の経済」が提示した農民像は、不完全な市場における農民の対応の一つに過ぎないとしている。ヒデーンが注目したアフリカ農村特有の価値観といったものをそぎ落としてしまったものの、「情の経済」が提示した概念は、現在でも農民や農村社会を分析するフレームワークにおいて当然考慮すべきものとなっている。

「情の経済」論争はヒデーンと新マルクス主義者たちとの間で平行線のまま終わったが、その時代背景として、多くのアフリカ諸国が採用していたアフリカ社会主義に対する批判が生まれつつあったことを考慮する必要がある。ヒデーンの一連の著作が出版されたのは一九八〇年代初頭であり、当時の多くのアフリカ国家は、社会主義を標榜する一方で、さまざまな問題を抱えていた。ヒデーンの著作は、この時期の国家と農民との関係を描いたものである。

ヒデーンは「情の経済」が国家の開発プロジェクトを阻害しているとしたが、合理的選択論者であるベイツ（Bates 1981）は、このような農民の行動は、国家による搾取的な経済政策を回避して利益を確保するための合理的な行動であるとした。[*3] また、農民は介入を好まないのではなく、介入を拒否することが農民にとってより利益をもたらすからそちらを選んでいるだけであると主張したのである（Bates 1981）。ベイツは、農民が開発政策を受け入れないのは、それが必ずしも農民にとって良いものではないと合理的に判断した結果の選択であり、頑迷な農民像は誤りであると指摘した。ヒデーン自身も開発政策を受け入れない理由として、農民によるリスク最小化を挙げていることを考えれば、ヒデーンとベイツのもつ農民像が大きく乖離していないともいえる。アフリカ社会主義が衰退していく中で、多くのアフリカ諸国が経済危機に陥って構造調整政策を受け入れていくことを考えると、農民の行動の是非を問うだけでなく、当時の経済政策自体の妥当性を検討することも必要であろう。

また、ベリーは、個人の行動と制度的構造との間の相互作用に注目すべきであるとした（Berry 1993, 45）。アフリカの農村社会において、植民地時代以前からの伝統は現在においても引き継がれているものの、まったく変化していないわけではない。アフリカの農民は、政府による介入によって負の影響を受けることが多いが、その一方でさまざまな形でそれらへの対策を講じている。その結果、農村自体も変容していくのである（Berry 1993, 64）。

ベリーは、アフリカの農村社会が、国家による介入に加えてさまざまな政治・経済状況の変化に対応するために、既存の伝統的な制度やネットワークを変容させていることを指摘している（Berry 1993, 132-134）。ただし、それは、一種対症療法的な対応であり、農村社会内におけるドラスティックな権力構造の変化につながるわけではない。土地へのアクセス権など、新たに女性に権利を付与するような、既存のジェンダー関係に影響を及ぼす制度変化をもたらすことが難しいことにもベリーは言及している。たとえばケニアでは、女性たちが独自に自助グループやネットワークを形成して、土地やそれ以外の資産へのアクセス獲得をめざす動きが報告されている（Berry 2004, 195）。

1-3　アフリカ農村変容の行方

ヒデーンは、一九八〇年代の「情の経済」の議論において、伝統的に構築されてきた社会資源を活用して生存を確保する農民像を提示した。このような議論と並行して、アフリカ経済は大きな変化を経験してきた。多くのアフリカの国々は一九八〇年代に構造調整政策を導入し、一九九〇年前後のソビエト連邦を中心とした社会主義陣営の崩壊もあいまって、国家統制経済から経済自由化へと経済政策の方向性が大きく変わった。ヒデーン（Hyden 1980）がとりあげた国家はアフリカ社会主義を標榜したタンザニア政府だったが、そのタンザニアも一九八六年より構造調整政策を導入して経済自由化を進めており、ヒデーンが論じたアフリカの国家と農民との関係は、現在のものとは大きく異なっている（池野 一九九三）。

農村変容は、国内の要因にとどまらず、グローバル化の進展によって国外からももたらされた。このような状況下の農村変容を扱ったものとしては、ブライソンらによる「脱＝農業化」の議論が挙げられる（Bryceson, Kay, and Mooij 2000; Bryceson and Jamal 1997）。「脱＝農業化」とは、「厳密な小農モードの生計から離れた⑴職業における調整、⑵所得獲得の方向転換、⑶社会的アイデンティティ、⑷農村居住者の空間的な移転の長期にわたる過程」のことを指す（Bryceson 1997a, 4）。つまり、閉鎖的な農村の中での自給自足経済から、外部からの影響のもと農業以外のさまざまな経済活動に従事し、地理的にも移動範囲を広げていく農民像といえる。ただし、ブライソンらはこのような変化を、肯定的なものというよりも、窮乏化から逃れるための小農の生存戦略としてとらえている。ブライソンとジャマル（Bryceson and Jamal 1997）は、アフリカ各国の農村のさまざまな事例から、農民が農業だけでは生計を維持することが困難になっていることを指摘し、農村社会がどのように変容していくのかを新マルクス主義的な視点から分析した。

「脱＝農業化」の主な要因として、環境的制約、世界市場経済によるアフリカの小農の弱体化、自由化政策による経済的、政治的機会の増加またはそれへの期待などが挙げられている（Bryceson 1997b, 237）。そして、その環境下で個々の農民が選択した結果の蓄積によって、変化の方向が浮かび上がってくるとした。その中でも特徴的なものとしては、⑴農村部から労働機会のある地域への移住、⑵多様化する非農業労働、⑶従来の小農による生産様式からの変化によって、農村部において富の集中と多くの小農の窮乏化といった二極分化、⑷生産活動に加われないことによる農村社会からの脱落などが挙げられている（Bryceson 1997b, 244-247）。

「脱＝農業化」の過程がもたらすのは、富の差異化であり、非農業就業による新たな階級の出現である。人口増によって土地が不足しているなか、これまでの伝統的慣習にしたがったところで若い世代が土地を獲得できる可能性は減っている。その一方で、次世代は、農業と非農業を組み合わせた形での生存戦略が必要となるが、その場合は親の世代の資産によって戦略が異なってくる。

非農業就業については、農村内では限られた人口規模や購買力しかなく、都市部での経済活動の重要性が増している。しかし、国内の都市部も過剰な人口を抱えており、経済発展も順調ではない。ブライソン（Bryceson 1997b）は、経済機会を求める人々は、国内都市部への移住のみならず、国境を越えた移動の増加を見通していた。

2　本書の課題と概念規定

2-1　本書の課題

ブライソンとジャマル（Bryceson and Jamal 1997）がアフリカ農村の変容を描き出してから、すでに四半世紀が過ぎた。当時ブライソンらが指摘した点については、本書の調査地であるエチオピア北部の農村においても当てはまる点は多い。それと平行して、調査期間中にはエチオピアの開発政策や経済状況に大きな変化があった。マクロ経済は好調に推移し、二〇〇三／〇四年度から二〇一〇／一一年度までは対前年度一〇％以上の経済成長率を記録した。それ以降も新型コロナウイルス感染拡大までは比較的順調な成長率となっていた（National Bank of Ethiopia 2009; 2011）。その間に農業だけでなく、サービス業や製造業も成長しており、グローバル経済とともに農村に影響を与えている。その一方で、二〇〇〇年から始まったミレニアム開発目標（ＭＤＧｓ）や二〇一五年からの持続可能な開発目標（ＳＤＧｓ）によって、社会福祉も大きく向上した。特に女子を中心に、教育や保健・衛生の水準が大幅に改善されている。

本書では、一九九一年以降のエチオピア北部の農村を舞台に、その変容の実態を解明することをめざす。本書の分析に当たっては、二つの課題を設定する。

第一の課題は、農村における土地をめぐる制度や慣習が、国家による土地政策の影響を受けながらどのように変化しているのかという点である。エチオピアの特にアムハラ州を含む北部は、長年人口増による土地不足の問題を抱えており、世帯単位の土地保有面積は、すでに生存維持レベルの面積以下となっているという報告もある（Berhanu Nega, Berhanu Adenew, and Samuel Gebre Sellasie 2003）。そのため、これまでの相続の慣習である分割相続はもはや困難な状況にある。

その一方で、エチオピアの農村部の居住者は、全人口の八四％を占めており、農村社会を国家の政治経済体制にとりこむことは政権の安定のために重要である。そのため、二〇一九年まで政権に就いていたＥＰＲＤＦは、農村社会における国家の政治権力を強化することを目指してきた（Chinigò 2015）。土地登記や新たな土地法による土地管理制度は、個人の土地保有権[*4]を明確にするとともに、国家による土地の管理を容易にするという側面もある。

しかし、制度に加えて農村部における土地制度の実践の解明は必要である。国家による土地政策は、土地保有に関する国からの指針を示したものであるが、農村において実践されている土地制度をすべてコントロールできるわけではない。たとえば土地法において土地は均等に相続すると定めてあったとしても、実際に子ども全員に土地を均等に分割相続しなければいけないというわけではない。均等相続を求めて子どもの一人が法的手段に訴えた場合にはこの法律は適用されるが、土地をいつ、誰にどれだけ分割贈与するのかは基本的に各世帯の判断にゆだねられている。世帯内での力関係に留意する必要はあるが、世帯内で合意があれば、均等でない分割を選択することも可能であり、土地法の規定すべてに従う必要はない。

このような世帯内の合意は、従来の慣習に基づいたものとなる可能性が高いが、同時に、経済・社会状況の変化が従来の慣習や日常の実践にもたらす影響についても注目する必要がある。土地保有権をどのように次世代に受け渡していくのかについては、慣習が大きな役割を果たしていると想定されるが、その慣習を成立させていた経済・社会状況が変化すれば、慣習自体も変わらざるを得ない（Berry 1993）。分割相続によって土地は細分化され、生存維持に十分な土地を確保することが年々困難になっている状況で、伝統的な慣習を墨守することはできない。また、土地政策の影響だけでなく、教育政策や都市部の経済成長といったさまざまな要因も、既存の土地に関する慣習に影響を与えることになる。逆にいえば、土地制度がどのように実践されているのかを明らかにすることで、農村社会の変化を解明することができる。

特に、土地に関する女性の権利については丁寧に検討する必要がある。なぜならEPRDF政権が導入した土地政策の主な特徴の一つが、個人、特に女性への土地保有権の付与であるからである。第Ⅱ部で詳細を検討するが、これまでの土地制度では、政策においても慣習においても、女性が実質的な土地保有権を獲得することは困難であった。EPRDF政権による土地管理制度では、これまでの政権のように土地保有権を世帯に付与するのではなく、個人に付与することが基本となっている。前政権までは男性世帯主の世帯の場合、男性が代表して土地を保有する形になっていたのに対して、EPRDF政権下の土地政策では、女性の土地保有を積極的に認める方向にあり、夫婦であっても夫と妻両方が別々に土地を保有できるようになった。女性の土地保有を新たに認めることになった土地管理制度を、農村社会がどのように受容しているのかを解明することで、農村社会におけるジェンダー関係の変化を理解することができる。

第二の課題は、土地不足の深刻化と並行して増加していると考えられる非農業就労の実態の解明である。発展途上国における多くの農民が、農業だけでなく非農業就労にも従事することで生計を維持していることは、先行研究でも指摘されてきた（Ellis 2000）。土地不足が深刻なエチオピア農村部においても、非農業就労が行われていると考えられる。同時に、非農業就労の在り方は、補完関係にある農業にも影響を与える。農村変容を解明するためには、農業を基盤として形成されている土地制度だけでなく、農業やそれ以外の経済活動における変化にも目を向ける必要がある。

本書では、農村内にとどまらず、その周辺で都市部との中継点になっている町も分析の対象としている（第Ⅲ部）。それは、町が農村部にもたらす変化を解明するためであり、農村から「いなくなった」人々を追跡調査するためでもある。村の人々の経済活動を聞いてみると、多くは農業と農閑期の出稼ぎという答えが返ってくる。日々の生活は、農業による生産物を、市の立つ日に近隣の町へ運んで売り、そして必要な食料や雑貨などを購入して村に戻ってくるといった、一見シンプルなものにみえる。しかし、家族の動向を確認すると、すでに村から出ていった者も多く、世帯は農村内で完結しているのではなく、そこからさらに広がっている。都市部そして外国への移動の場合もあるが、近くの町も一つの選択肢である。実際に、農村に隣接する町の居住者の多くは近隣農村からの移住者である。農村世帯から出ていった人々の生活を調査することで、農村の変化も同時に理解することができる。

本書においては、世帯単位ではなく個人単位での分析を中心としている。それは、土地制度においても世帯単位ではなく個人単位での保有権を認める方向にあるというのも一つの理由であるが、非農業就労では、現金収入は世帯全体ではなく個人に帰属することが多いからである。したがって、世帯内における力関係と個人のもつ属性が大きな意味をもつことになる。さらに、世代を超えた変化を追う場合、夫婦間のみならず、親子間の関係についても着目する必要がある。親が子どもにどのような期待をもって教育などの投資を行うのか、または行わないのかを理解することは、農村社会の変化を理解する重要なカギの一つとなるであろう。

若年層の重要性は、統計からも明らかである。エチオピアの人口構成において、一五歳未満の子どもに加えて、国際連合の統計などで若者（youth）として定義されている一五〜二四歳の年齢層[*5]の割合も高く、社会変容の推進力となる可能性をもつ。最新となる二〇〇七年の国勢調査では、農村部の人口において、一五歳未満の子どもは四七％、一五〜二四歳の若者は一九％を占めている（Office of the Population Census Commission n.d.）。したがって、彼らが将来どのような生計活動を選択するのかによって、農村社会は大きな影響をうける。同時に、就学や就労にあたってさまざまな選択をしながら子どもから成人へと移行していく若年層のライフコースは、そのときの政治経済状況から大きな影響を受ける（Bradford Brown and Larson 2002, 11–13）。なお、これまでエチオピアの若年層に関する研究は、男性を対象としたものが中心であった（Mains 2012; Yohannes 1997）。その背景には、女性の場合は、早婚という伝統的慣習のために男性であれば若年層とされる年齢であったとしても、世帯内の役割は妻や母となるため、子どもから成人への移行準備期間としての若者に関する先行研究では、女性を分析対象から外す傾向にあったことが挙げられる（Bradford Brown and Larson 2002, 6; de Waal 2002, 14）。しかし、二〇〇〇年以降のミレニアム開発目標を背景とした政府の教育への支出の拡大は、学校施設の拡充をもたらし、男女ともに教育機会を向上させた。それは、女性の結婚年齢を引き上げる効果をもたらしている（Jones et al. 2018）。エチオピア農村社会における若年層の女性のライフコースを理解することもまた、農村社会の変化を知る重要なカギの一つである。

ただし、それは男性を捨象するものではない。これまで主に男性に与えられてきた土地に関するさまざまな権利を女性にも与えるということは、男性にとっては土地保有の機会の減少を意味している。また、女子教育についても、教育を受ける本人だけでなく、教育投資を行う親の決定にも大きく左右される。ファフシャン、ケベデとキサンビン（Fafchamps, Kebede, and Quisumbing 2009）が指摘しているように、母親が世帯の支出決定に関与している場合、子どもの就学率が有意に上昇することは確認されている。しかし、通常父親の方が母親よりも収入が多く、支出に対する決定権がより大きいことを考えると、女子教育に対する父親の意見も確認する必要がある。

2-2　概念規定――農業／農外／非農業就労

本書では農村部におけるさまざまな経済活動をとりあげるため、それに関する語句の定義について確認しておきたい。たとえば、「non-farm activities」の日本語訳として「非農業就労」を使用することが多いが、農場という場所を示す「on farm」－「non farm」と、業種による分類である農業－非農業は同一とは限らない。

本書では、自営業として行われる農業経営と、それ以外の経済活動を区別して扱う。産業に基づいた農業－非農業という二分法は用いない。農村における実際の経済活動を鑑みると、自らの裁量をもって農業を行う場合と、それ以外の経済活動では性質が異なっているからである。本研究における聞き取り調査でも、農民が自ら行う農業経営と農業における雇用労働を明確に区別していた一方で、雇用労働においては、農業と農業以外を区別せずに回答することが多かったことからも、この分類は有効である。なお、農業経営は、土地を保有している場合と、土地を保有せず賃借して農業生産を行う場合の両方を含む。調査地以外の場所に移住し、その移住先で土地を賃借して農業生産を行っている場合も含める。また、自らが農業生産を行わない土地賃貸については、農業経営に含めず、それ以外の経済活動の一つとして扱う（Ellis 2000, 12）。

農業経営以外の経済活動については、エリス（Ellis 2000, 11–12）の定義にしたがって、農外就労（off-farm activities）と非農業就労（non-farm activities）としてさらに二つに分類する。[*6] 農外就労は、産業としては農業として分類されるが、農業による生産物によって直接所得を得ているのではなく、労働の対価として賃金を受け取っていることから、農業経営には当てはまらない（Barrett, Reardon, and Webb 2001, 319; Ellis 2000, 11–12）。非農業就労については、農業以外の就労とする。なお、無償の家事労働については、直接現金収入をもたらさないことを踏まえてそれ以外の経済活動として取り扱う。上述の土地賃貸や送金のような不労所得については、農外就労や非農業就労には含まず、それ以外の経済活動とみなす。

3　本書の構成

本書では、一九九八～二〇一六年にエチオピア・アムハラ州の農村において行った調査をもとに、前政権を武力で打倒して一九九一年に政権に就いたＥＰＲＤＦ政権時代の農村社会の変化を解明する。調査地は、エチオピア北部アムハラ州にある農村部にあり、アムハラ州の中でも人口密度が高く、土地不足がより深刻化している地域である。農業中心の経済活動が営まれてきた村落地区と、村落地区に隣接して消費都市として機能している町で調査を行った。

第Ⅰ部では、エチオピアと調査地についての概観を示す。第１章では、エチオピアの政治体制の変遷を概観し、第２章で経済のマクロ的な変化を確認する。第３章では、調査地および調査方法について説明する。第Ⅱ部では、帝政期とデルグ政権時代を中心に、エチオピアにおける土地制度と農業政策の変遷を概観する。第4章で帝政期（一八五五～一九七四年）、第5章でデルグ政権（一九七四～一九九一年）をとりあげ、エチオピア農村部において重要な資産である土地に関する制度と、主要な経済活動である農業政策の変遷を示す。

第Ⅲ部では、ＥＰＲＤＦ政権下における農村変容を、土地制度を中心に検討する。国家が新たな土地政策を施行する一方で、農村の人々は、国家の政策をある程度受け入れながら、実情に即した形で土地制度を実践している。調査地では、一九九一年以降のＥＰＲＤＦ政権期において大きな土地制度改革を二回経験している。一つは、一九九一年に行われた土地再分配であり、もう一つは、一九九〇年代後半から始まった土地法改正や土地登記などの国家による新たな土地管理制度の導入である。第6章では、一九九一年の土地再分配が調査地でどのように受け入れられたのかを検討し、第7章では、一九九〇年代後半にＥＰＲＤＦがどのような土地管理制度を導入したのかを明らかにする。そして第8章では、このような政策の下での農村における土地制度の運用の実践について検討する。

第Ⅳ部では、第Ⅲ部で調査対象であった村落地区に隣接する町を分析対象としてとりあげる。第9章では、村落地区に隣接している町に注目し、農村と町との相互作用の分析を試みた。第10章では、若い世代の女性を中心に、どのようなライフコースを選択しているのかを追跡調査することで、農村周辺に付随して存在する町の将来について考察した。

エチオピアの農村部では、国家による土地政策を受けいれながらも、限られた土地面積を所与として、人々は土地へのアクセスを獲得することを試みている。しかし、このような日々の実践では、土地不足の問題の抜本的な解決をもたらすことはできない。本書は、農村が、土地による制約を超えてどのように変化しているのかを描き出すことをめざした。

注

＊1　一連の議論については、峯（一九九九）による優れた解説がある。

＊2　なお、ヒデーン（Hyden 1983）は、国際援助とそれを受け入れるアフリカ諸国の政府についても批判的である。紐付き援助や現地に適してない援助が大規模に行われていることを指摘し、援助のやり方の再考を提言している。

＊3　ベイツの議論とそれに対する批判についての詳細は、高橋（二〇一〇）を参照のこと。

＊4　本書では、土地所有ではなく、土地保有という言葉を使用する。エチオピアでは、帝政期から現在にいたるまで、憲法によって土地は国家（もしくは皇帝）のものと定められており、人々は土地を保有することはできるが、自由な売買などを可能とする所有は認められていないからである。なお、土地保有に関する権利については政権によって解釈が異なっている（児玉 二〇一五b）。そのため、本書では必要に応じて説明している。

＊5　国際連合ホームページ "Definition of Youth"（https://www.un.org/esa/socdev/documents/youth/fact-sheets/youth-definition.pdf, 二〇二〇年一月一五日閲覧）

＊6　エリス（Ellis 2000, 11-12）は、収入を「farm income」「off-farm income」「non-farm income」の三つに分類しており、厳密には就労の分類ではないが、経済活動の分類としても有効である。

第I部

エチオピア概観

エチオピアの農村社会は閉じた空間ではなく、国全体のマクロな政治体制や経済状況の変化や、グローバル経済によって大きな影響を受けてきた。第Ⅰ部では、エチオピアの政治体制や経済構造の変化を概観するとともに、調査地の概要および調査方法を説明する。

第1章ではエチオピアの政治体制の変遷を概観する。エチオピアの現在の国境は、二〇世紀初頭にはほぼ確定したといわれているが、それ以降のエチオピアの政治体制は、帝政期、デルグ政権期、EPRDF政権期以降の大きく三つの時期に分けることができる。このような政治体制の変化は、農村にも大きな影響を及ぼしている。土地や農業政策についての詳細な変遷は第Ⅱ部で取り扱うため、第1章では、政治体制の変遷を示す。

第2章では、調査対象時期であるEPRDF政権期の経済構造の変化を中心に検討する。それまで一七年間続いたデルグによる国家統制経済から自由経済へと大きく舵を切ったことによって、エチオピアの経済は、農業を中心とした経済構造からサービス業や製造業の比重の高い経済構造へと変化してきた。それに伴って、人々の経済活動や活動場所も変化している。農村を取り巻く状況をここで把握しておきたい。

第3章では、調査地と調査方法について詳述する。まず、調査地が、エチオピアにおいてどのような位置づけにあるのかを説明する。エチオピアは、多様な民族が居住しており、歴史的背景も北部と南部で大きく異なるなど、典型的な「エチオピア農村」というものは存在しない。他地域との違いを踏まえつつ、アムハラ州の調査地の特徴を示す。また、調査地は大きく農村部に分類されるが、その内部は均質ではなく、農業のみ行う村と商業地域である町地域などによって経済圏を形成している。本書では、これらの地域の相互作用も対象とするため、村や町についての説明を行うとともに、どのように調査を行ったのかを説明する。

第1章　エチオピアの政治体制の変遷

エチオピアの現在の領域は、二〇世紀初頭にはほぼ確定したといわれているが、それ以降エチオピアの政治体制は、帝政期、デルグ政権期、EPRDF政権期以降の大きく三つの時期に分けることができる。一九世紀半ばに始まり、イタリア占領（一九三六～四一年）をはさんで一九七四年の革命まで続いた帝政期（一八五五～一九七四年）、社会主義を標榜したデルグ（Derg）政権期（一九七四～一九九一年）、二〇一九年から現在にいたるEPRDF政権期以降の時期である。[*1][*2]

この間エチオピアは武力による政権交代を二度経験している。一九七四年には、デルグが、社会主義革命の名のもとに帝政を打倒し、軍事独裁政権を樹立した。次に、EPRDFも、反政府勢力を糾合して武力によってデルグを打倒している。このような武力による政権交代は、前政権の否定から始まるために大きな政治体制の変化をもたらした。

1　帝政期（一八五五～一九七四年）――エチオピア帝国の成立から革命まで

帝政期は、イタリア占領をはさんで前期と後期に分けることができる。前期（一八五五～一九三六年）は、エチオピア帝国成立に始まり、君主制による中央集権制度の構築を行ってきた時期である。帝政後期は、一九四一年にイタリアによる占領が終了し、エチオピア政府が実権を取り戻したのち、一九七四年の社会主義革命まで続いた。

1-1　帝政前期（一八五五～一九三六年）

帝政前期は、一八世紀後半から始まった「王子たちの時代（*Zamana Masafent*）」と呼ばれる政治的な混乱期の後、皇帝を頂点とした中央集権的な君主制を形成していく時期にあたる。エチオピアの帝政期は、一八五五年に皇帝となったテオドロス二世（Tewodros Ⅱ）（在位一八五五～一八六八年）から始まった（Bahru 2002, 11）。帝政期以前にエチオピア北部で栄えていた王国の多くが、アムハラやティグライという限られたエスニック・グループを中心とした集団によって構成されていたのに対して、この帝国は、アムハラという特定のエスニック・グループが他民族を支配しながら領土拡張を図った点で、これまでの北部の王国とは性質が異なっている（Gebru 1996, 67）。

帝政初期には、アムハラやティグライの居住する北部の統一が優先されていたが、メネリク二世（Menelik Ⅱ, 在位一八八九～一九一三年）の時代に積極的に南部への征服を進め、一九世紀後半には現在のエチオピアに近い形になった（Bahru 2002, 16）。

イヤス五世（Iyasu V）やメネリクの娘ゾウディトゥ（Zawditu）による短い治世の後、一九三〇年にハイレ・セラシエ一世（Haile Sellassie I, 在位一九三〇～一九七四年）が即位する。ハイレ・セラシエ一世は、中央集権国家をめざして、各地域の領主の権力を弱め、帝政の基盤を固めようとした。一九三一年には明治憲法を範とした立憲君主制の憲法を公布している（Marcus 1994, 134）。歴史学者のバフルは、一九三〇年からイタリアによる占領までの一九三五年を「専制政治の出現」の期間と呼んでいる（Bahru 2002, 137-140）。

ただし、このような改革は、一九三六～一九四一年の五年間にわたるイタリア占領によっていったん頓挫した。ハイレ・セラシエ一世は一九三六年にイギリスに亡命し、エチオピアはイタリアの支配下に置かれた。

1-2　帝政後期（一九四一～一九七四年）

第二次世界大戦でイタリアが破れ、一九四一年には亡命していたハイレ・セラシエ一世がエチオピアに帰国し、エチオピア政府は実権を取り戻した。ハイレ・セラシエ一世は、イタリア占領によって弱体化した地方領主を排除して、再び官僚制度に基づいた中央集権制の確立をめざした。しかし、このような改革は、既得権益を享受してきた地方領主などからの支持を得られず、順調には進まなかった。

帝政期には、さまざまな近代化の試みが行われていたものの、農業依存の経済構造であった。国家財政の中でもっとも大きな比重を占めているのが土地関連の収入となっている。この収入は、収穫や収入に課される十分の一税などが含まれている。表1-1は、一九四四／四五年度の歳入予算であるが、農地がもたらす収入および収穫に基づいて課される土地税などによるものが歳入の三〇％を占めており、農業が主要産業であったことがわかる（Perham 1969, 202-203）。

表1-1　1944／45年度*1のエチオピアの歳入（ドル換算）

	歳入	(%)
土地関連*2	12,465,315	(30.0)
鉱山(金・塩)収入	10,765,687	(25.9)
関税	7,807,642	(18.8)
国内収入*3	3,367,207	(8.1)
各省庁からの収入	2,058,092	(5.0)
英国政府より補助金	1,915,760	(4.6)
裁判手数料・罰金	1,373,122	(3.3)
タバコ専売	955,871	(2.3)
その他	545,091	(1.3)
預金残高	288,483	(0.7)
歳入合計	41,542,270	(100)

注：*1　この時期のエチオピアの会計年度は9月始まりである（Perham 1969, 200）。
*2　土地税、（収穫／収入からの）10分の1税、市場手数料、木材税を含む。
*3　財産税、利益税、アルコール税、石油税、塩税、娯楽税、印紙税、所得税。
出所：Perham（1969, 202-203）より筆者作成。

帝政末期になると、一九七三年の石油ショックや度重なる飢饉などによって政情が不安定となり、学生や労働組合などを中心とした都市部の人々の不満が高まっていった。各地に派遣されていた兵士も、それまで自ら農民から税を徴収してその一部を収入としていたのが、機構改革によって給与制になった結果、その待遇と給与遅配に対する不満を募らせていった（Teferra 1997, 92）。そして一九七四年に軍部主導で革命が勃発し、帝政は終焉を迎える。

2　デルグ政権期（一九七四～一九九一年）――国家統制経済による中央集権制

一九七四年の革命によって帝政は打倒された。革命の主導権は早々に軍部に掌握され、こののち、一九八七年までエチオピアはデルグによる軍事政権となった（Bahru 2002, 229–230）。東西冷戦の時代にあたるデルグ政権期の政策は、ソビエト連邦に大きな影響を受け、マルクス・レーニン主義をベースとした「科学的社会主義」を標榜した（Marcus 1994, 203）。

このイデオロギーに従い、私企業を国営化して、商品の価格や流通を統制した。農業政策の特徴としては、土地の再分配と再定住政策、そして協同組合の設立とそれを通じた農産物の価格・流通の国家による管理・統制が挙げられる。デルグ政権は、土地に対する徴税権や小作制度のような仕組みを廃止した。その結果、農民からは少額の土地税を徴収するのみとなった。たとえば一九八六／八七年度の歳入の内訳では、農業からの税収といえる農業所得税と土地利用税は合計で三％を占めるに過ぎない（表1-2参照）。これは、表1-1に示した帝政前期の農業からの税収三〇％を大きく下回る。

その一方で、政府は農産物の価格と流通を統制することで、農業生産の剰余を歳入として確保することをめざした（Teshome 1994, 155–156）。農民は政府の流通機関である農業流通公社（Agricultural Marketing Corporation）に売却する穀物量を割り当てられ、低く設定された価格で穀物を買い取られた（Eshetu 1990, 92–95; Kuma and Abraham 1995, 206; Marcus 1994, 206）。これによってもたらされる収益の一部は、公社から国庫への納付金となる。表1-2で「資本費用／利子（Capital Charge and Interest）」に分類された部分は公社から国庫への納付金に該当し、歳入の一七％を占めている。歳入の中では、二一％を占める事業収益税に次ぐ収入源である（National Bank of Ethiopia 1987/88, 47–48; Teshome 1994, 155–156）。

このような歳入の内訳からもわかるように、デルグ政権は農民に対して直接課税するのではなく、生産価格や流通経路を管理することで利潤をあげ、国家を運営しようとした。

冷戦末期となる一九八〇年代後半より、多くのアフリカ諸国の経済政策は、構造調整政策に代表されるような経済自由化へと大きく舵を切り始めていた。エチオピアも若干経済自由化の方向への修正を試みている。エチオピア国内は、一九八〇年代中頃に北部で大飢饉が起こるなど、経済的、社会的に混乱していた。それに加えて、ソビエト連邦の弱体化によって社会主義陣営からの援助も減少し、デルグによる社会主義的な国家統制経済は行き詰まりをみせるようになったためである（Marcus 1994, 206; Bahru 2002, 263-264）。その打開策として、正式な社会主義政党としてエチオピア労働者党（Worker's Party of Ethiopia: WPE）を結成し、民政への移行を行い、一九八七年にエチオピア人民民主共和国（People's Democratic Republic of Ethiopia: PDRE）が成立した（Keller 1988, 240）。

しかし、一九九一年、エチオピアからの独立をめざすエリトリア人民解放戦線と、民族自決を旗印にしたティグライ人民解放戦線（Tigray People's Liberation Front: TPLF）を中心に反政府勢力が糾合したＥＰＲＤＦが、デルグ政権を武力によって打倒した。

表1-2　1986／87年度のエチオピアの歳入（100万ブル）

	歳入	（%）
［税収］	2,108.5	（73.8）
所得・収益税	858.6	（30.0）
個人所得税	203.0	（7.1）
事業収益税	604.0	（21.1）
農業所得税	49.9	（1.7）
その他	1.8	（0.1）
土地利用税	46.0	（1.6）
間接税	623.7	（21.8）
物品税*1	387.5	（13.6）
その他取引手数料	236.2	（8.3）
輸入税	433.3	（15.2）
輸出税*2	146.8	（5.1）
［税収以外の歳入］	750.1	（26.2）
資本費用／利子*3	487.8	（17.1）
合計*4	2,858.6	（100.0）

注：*1 おもに石油、アルコール、たばこによる。
*2 ほとんどがコーヒーによる。
*3 主に公企業からの資本費用の支払いと利益からの納付による（Teshome 1994）。
*4 これ以外に外国からの現物による援助が2億6130万ブルある。エチオピアの歳入の9%にあたる。

出所：National Bank of Ethiopia（1987/88, 47-48）をもとに筆者作成。

3　ＥＰＲＤＦ政権期以降（一九九一年～現在）

3―1　ＥＰＲＤＦ政権（一九九一～二〇一九年）と民族連邦制

一九九一年にデルグ政権を倒したＥＰＲＤＦは、一九九五年に憲法を制定し、エチオピア連邦民主共和国（Federal Democratic Republic of Ethiopia）を樹立した。ＥＰＲＤＦは、元々は民族自決を旗印に一九八九年に形成された反政府勢力の連合体である（Marcus 1994, 213）。全人口の六・一％を占めるに過ぎない少数民族であるティグライを支持基盤とするＴＰＬＦがＥＰＲＤＦの中心となっていた。

ＥＰＲＤＦ政権による政治体制のもっとも大きな特徴が、民族をベースにした連邦制である。それまでの帝政やデルグ政権が志向していた中央集権制ではなく、各州に大幅な権限移譲を伴う連邦制を導入した。また、この連邦制は、憲法では明示していないものの、主要な民族を軸とした形で州を制定しており、実質的に民族連邦制となっている（児玉 近刊）。

その背景には、多民族国家であるエチオピアにおいて、民族自決を求める各民族の政治活動が長年続いていたことがある。エチオピアは、一億人超を擁する人口大国であるとともに、八五の民族が共生する多民族国家でもある。しかし、特に帝政期は皇帝の多くがアムハラ出身であり、南部を征服していく中でアムハラが支配者としての権力を握っていた。それに対する反発もあり、民族自決を旗印にしたＥＰＲＤＦは広い支持を獲得したのである。

また、政治体制が大きく変化するとともに、経済政策も国家による統制経済から緩やかな経済自由化へと舵を切ってきた。次章で改めて検討するが、マクロ経済における変化は、それまでの国家統制から経済自由化への方向転換の結果もたらされたといえよう。

その一方で、ＥＰＲＤＦによる強圧的な政治手法は長年批判されてきた。憲法上は複数政党制を認めているが、実際には連合政党であるＥＰＲＤＦが議席のほとんどを占めており、反対勢力としての野党はほとんど議席を獲得できなかった（児玉 二〇一五ａ）。このような政治状況は、人々がＥＰＲＤＦを圧倒的に支持しているというよりも、ＥＰＲＤＦが、野党の候補者や支持者に対する逮捕・拘束などによって野党の活動を阻害してきたためにもたらされたといえる（Pausewang, Tronvoll, and Aalen 2002; Amnesty International 2016）。

ＥＰＲＤＦ政権が長年比較的安定した政治支配を可能にしていた要因として、抑圧的な政治姿勢を指摘する先行研究は多い（Bahru and Pausewang 2002; Gilkes 2015; Merera Gudina 2011）。しかし、政治的抑圧のみで長期政権を維持することは困難である。第Ⅱ部で紹介するように、並行して適切な経済政策や行政制度の整備などを行うことで、ＥＰＲＤＦがその存在意義を示してきたことも、長期政権の維持に貢献したといえよう。

3-2　繁栄党政権（二〇一九年～現在）――不透明な政治情勢

エチオピア連邦民主共和国初代首相であり、ＴＰＬＦ党首でもあったメレス・ゼナウィが二〇一二年に病気で亡くなったのち、南部の少数民族であるウォライタのハイレマリアム・デッサレンが首相の座に就いたが、各地で政府に対する抗議運動が頻発して、二〇一六年には非常事態宣言を出す事態にまで陥り、引責のような形で二〇一八年に首相を辞任した。

このあと首相となったのが、オロモのアビイ・アハメッド・アリである。もっとも抗議運動の激しかったオロミヤ州の事態の収拾を期待されての首相選出であったとされる。アビイ首相は、首相就任直後、多数の政治犯の釈放や、テロ組織指定されていた反政府組織の指定解除、そして汚職摘発などを行い、熱狂的な国民からの支持を得ていた。この人気を背景に、長年戦争状態にあった隣国エリトリアとも平和協定を締結して戦争を終結させた。*3

さらにアビイ首相は、二〇一九年一二月に政党連合であるＥＰＲＤＦを解消し、ＥＰＲＤＦを構成する民族党を統合する形で新たに繁栄党を結成した。これに反発したＴＰＬＦは繁栄党への不参加を決め、その後北部ティグライ州において繁栄党とＴＰＬＦとの間に内戦が生じるなど、エチオピア国内は政治的混乱が続いている（児玉 二〇二二）。

注

＊1　一九七四年から一九九一年まで続いた軍事政権は、エチオピアではデルグと呼ばれる。デルグとはアムハラ語で委員会（committee）を意味し、一九七四年に発足した暫定軍事評議会（Provisional Military Administrative Council: PMAC）を指す。元々デルグは、革命勃発直前の一九七四年六月に設立された「国軍、警察、国防義勇軍の調整委員会（the Coordinating Committee of the Armed Forces, Police, and Territorial Army）」からきているが、革命勃発直後にこの調整委員会はＰＭＡＣへと変更され、その後も引き続きデルグと呼ばれていた（Bahru 2002; Marcus 1994）。

＊2　ＥＰＲＤＦは、二〇一九年に繁栄党に改組された。ＥＰＲＤＦ政権の中枢にいたティグライ人民解放戦線（Tigray People's Liberation Front: TPLF）は、繁栄党には参加せず繁栄党との対立を深め、二〇二〇年には内戦が勃発した。繁栄党政権期については、調査時期に該当しないため、本書では取り扱わないが、現在エチオピア全土は政情不安な状況となっている（児玉 二〇二二）。

＊3　このような国内の民主化、エリトリアとの平和協定、さらにはスーダンなど周辺諸国の和平交渉の仲介などが評価され、アビイ首相は二〇一九年にノーベル平和賞を受賞している。

第2章　ＥＰＲＤＦ政権期の経済・社会構造の変化

1　農業中心から変化しつつある国内の経済構造

ＥＰＲＤＦ政権期の経済は、マクロ的には順調に成長してきた。特に二〇〇〇年に入ってからの経済成長は著しく、二〇〇四／〇五年度から二〇一〇／一一年度の間は実質ＧＤＰ成長率で一〇％を超えた。それ以降も、二〇一九／二〇年度以降は新型コロナウイルス感染拡大や内戦などによって六％代まで下落したものの、それ以前の二〇一八／一九年度までは平均で九・三％を記録していた（National Bank of Ethiopia 2022）。

農業セクターは経済活動において依然重要ではあるが、サービス業や工業のような農業以外のセクターの比重が高くなっており、この傾向は経済成長が著しかった二〇〇四年以降顕著になっている（図2-1）。一九九九／二〇〇〇年度[*1]にはＧＤＰの五五・五％を占めていた農林水産業は二〇二一／二二年度には三二・四％となる一方、一九九九／二〇〇〇年度に三五・二％だったサービス業と一一・四％だった工業が、二〇二一／二二年度にはそれぞれ四〇・〇％と二八・九％と割合を増やしている（National Bank of Ethiopia 2022）。二〇二一／二二年度について詳細を確認すると、サービス業では、卸・小売業（サービス業の三六・四％、二〇二一／二二年度、以下同年度）と運輸・通信業（同一三・八％）、そして不動産業（同一一・五％）となっている。また、工業[*2]では、建設業（工業の七二・二％）が中心となっており、

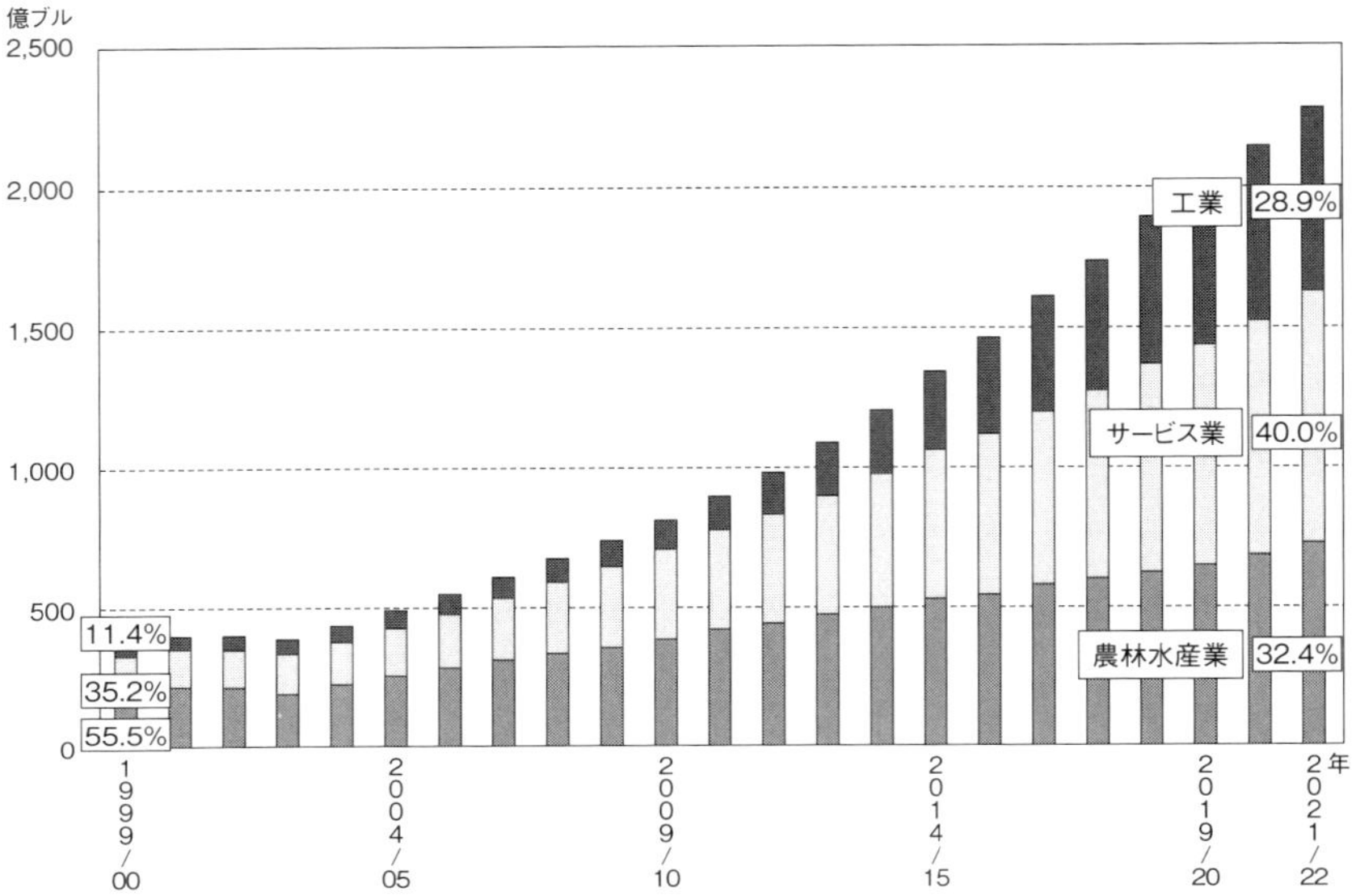

図2-1　実質ＧＤＰのセクター別内訳の推移（1999／2000年基準）

注：出所元のデータでは、セクターを合計した場合と、実質ＧＤＰとして示された数値が異なっており、前者の方が高くなっている。本図では、内訳の変化を示すためにセクターごとの金額(実質)を使用した。
出所：National Bank of Ethiopia (2022).

製造業は工業の二三・四％にとどまっている（National Bank of Ethiopia 2022）。

農林水産業については、そのほとんどが耕種農業（農林水産業の六五・六％、二〇二一／二二年度、以下同）によるものであり、畜産・狩猟（二五・六％）、林業（八・五％）、漁業（〇・三％）の占める割合は低い。農業はエチオピアの外貨獲得源としても重要であり、コーヒーや花卉、そして油用種子や豆類は、主な輸出品目となっている。一九九五／九六年度には輸出額の六二・四％を占めていたコーヒーが、最新の二〇二二／二三年度には三七・〇％まで減少しているなど、コーヒー依存の輸出からは脱却が進みつつある。しかし、それ以外の主な輸出品目は金（五・四％）、花卉（一五・七％）、チャット*3（六・八％）、油用種子（七・一％）で、コーヒーを合わせたこの五品目でエチオピアの輸出の約七割を担っており、輸出品目の多様化が十分に進んでいるとはいいがたい（National Bank of Ethiopia 1999, 86; 2022, 69）。

なお、これらの輸出作物の生産地には偏りがあり、エチオピアのすべての地域で生産されているわけではない。コーヒーは主にエチオピア南部で生産されており、ゴマはエチオピア北西部の限られた地域において主に大規模農場で生産されている。そして花卉生産は小農の参加の難しい温室栽培によるものであり、迅速な輸出のために首都アディスアベバのような大都市への輸送が容易な幹線道路沿いである必要がある。

エチオピアの経済構造が農業への依存から脱却しつつあるとはいえ、順調な経済成長は、農業を含めたすべてのセクターの成長によるものである。セクター別の割合だけでは農業が衰退しているかのような印象をもつが、図2-1が示すように、農業も順調に成長しており、一九九一年と比較すれば金額で三・六倍の規模になっている（National Bank of Ethiopia 2022）。耕地面積の拡大に限界があることを考えると、生産性が向上した結果といえよう。エチオピアの農業の生産性の低さは課題として長年指摘されている（Gebissa and Manuel 2021; Kefyalew 2011）が、肥料の使用などは順調に増えており、十分ではないとはいえ生産性は向上しているのである（Agbahey, Grethe and Workneh 2015）。

2　存在感増す外国からの送金

このような国内の経済活動以外でエチオピア経済を支えているのが、外国からの送金である。図2-2は、エチオピアの国際収支における主な収入の変遷を示したものであるが、二〇〇八／〇九年度の段階ですでに最大の国際収入源が輸出や直接投資ではなく、個人送金となっており、現在にいたるまで増加を続けている。その背景には、就業機会や外貨獲得をめざした外国への出稼ぎ労働者の増加がある（児玉 二〇二〇b）。

二〇〇〇年以降爆発的に拡大した新型コロナウイルスの感染によって、人々の国境を越えた動きは一時的に停止してしまったが、それまでは、エチオピアからも多くの人々が国外へと移動していた（図2-3）。国際連合の移民統計では、エチオピア人の移住先として第一位がアメリカ（二五万人、二〇二〇年）、第二位がサウジアラビア（一六万人、同）

となっている（UNDESA 2020）。[*4] 国連が捕捉している移民は正規移民に限定されており、捕捉できない非正規移民の存在を考えると、この人数以上の人々が国外に移住していると考えられる。たとえば、サウジアラビアに居住するエチオピア人はこの国連の統計では一六万人だが、国際移住機関（International Organization for Migration: IOM）は七五万人と推計している（IOM 2022）。

このように多くのエチオピア人が外国へと移動しており、外国からの送金は、現地通貨のエチオピア・ブル（以下ブル）の大幅な下落によって、これまで以上に大きな意味をもつようになっている。為替レートは、二〇二一／二二年度には四八・五七ブルとなっており、たとえば一〇年前の二〇一一／一二年度の一七・二五ブルと比較しても価値が三分の一近くにまで下落している（National Bank of Ethiopia 2022）。したがって、外国からの送金はドル建てによる送金でこの間に約三倍の価値をもつことになる。このような外国との経済格差は、労働力の国際移動を引き起こす。

3　人々の生活する場であり故郷でもある農村

エチオピアにおいて、農村部[*5]に居住している人口は全人口の八三・九％（二〇〇七年国勢調査）であり、多くの人々の生活が農村部で営まれている。[*6] そしてエチオピアの経済も長年農業に依存してきた。先述のとおり、経済における農業の比重は低下しつつあるが、実数を見てみると、農業もサービス業や工業と同様成長を続けている。農業生産は縮小しているのではなく、他のセクターよりも成長率が高くないだけなのである（図2-1参照）。

農村部に居住している人口数からも、依然農村部は多くの人々の営みを支えていることがわかる。エチオピアの人口は一九八四年の三七七五万人から二〇〇七年の七三七五万人と一三年で一・九五倍にまで増加し、二〇二二年には一億二三三八万人に達していると推定されている。[*7] 表2-1に示したように、都市部の人口増加のスピードは農村部を上回っているが、農村部の人口が減少しているわけではなく、年平均二％以上の増加率を示している。このままで

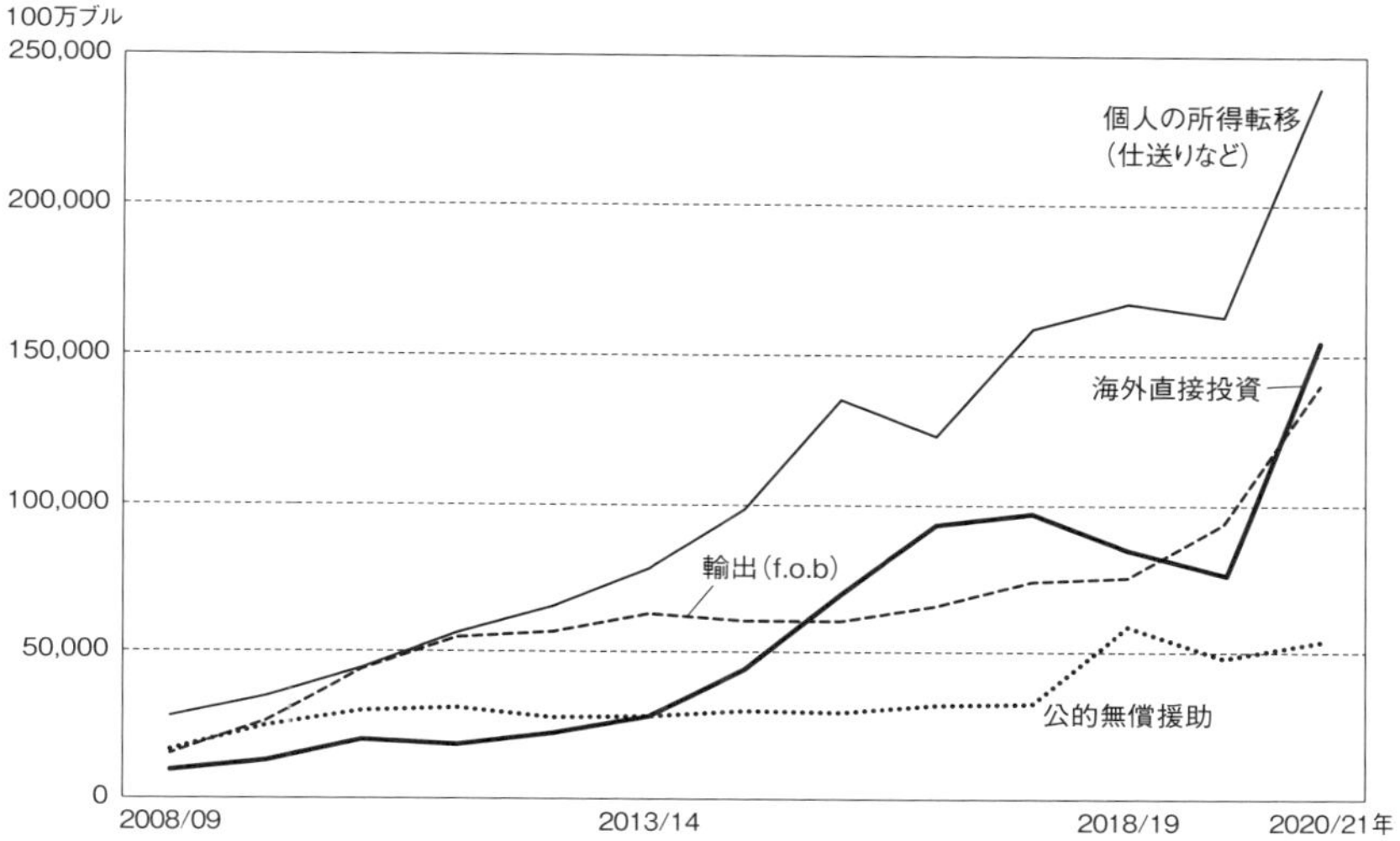

図2-2　国際収入の変遷（2008／09～2020／21年）

出所：National Bank of Ethiopia（2022）.

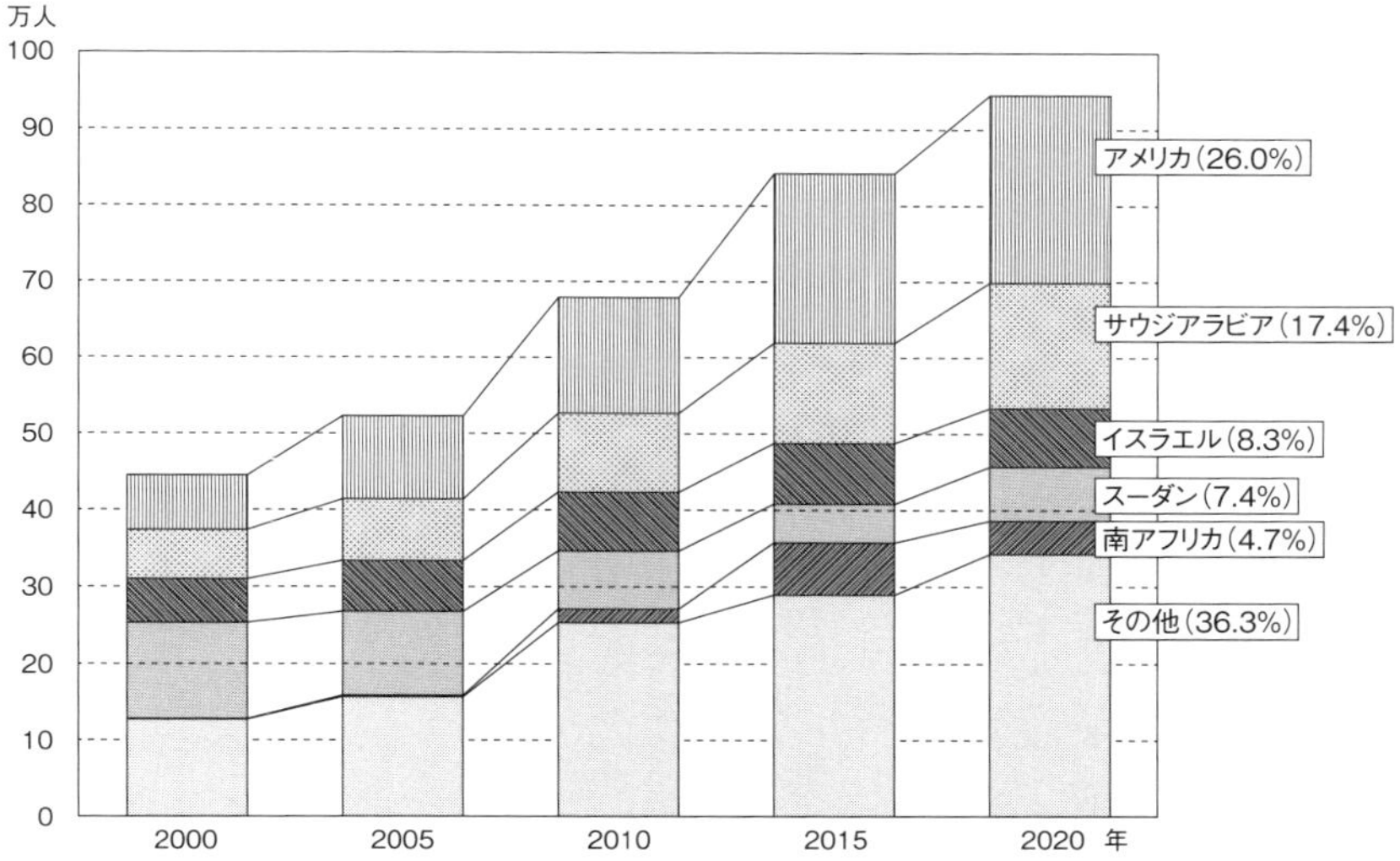

図2-3　エチオピアからの国際移民の移住先の変遷（5年ごと、ストック*）

注：*その国におけるエチオピア人の滞在者数を示しており、出入国者数を表すフローとは異なる。
出所：UNDESA（2020）をもとに筆者作成。

表 2-1　人口増加および都市部と農村部の内訳

国勢調査実施年	全人口（人）	前回国勢調査後の年平均増加率（%）	都市部人口（人）	前回国勢調査後の年平均増加率（%）	農村部人口（人）	前回国勢調査後の年平均増加率（%）
1984年	42,616,876	-	4,869,289	-	37,747,587	-
人口内訳（%）	(100.0)	-	(11.4)	-	(88.6)	-
1994年	53,132,276	2.2	7,315,687	4.2	45,816,589	2.0
人口内訳（%）	(100.0)		(13.8)		(86.2)	
2007年	73,750,932	2.6	11,862,821	3.8	61,888,111	2.3
人口内訳（%）	(100.0)		(16.1)		(83.9)	

出所：Office of the Population and Housing Census Commission (1991; 1998), Office of the Population Census Commission (n.d.).

は都市部は一九年後に人口は倍増するが、一方、農村部も遅れて三〇年後に倍増する。都市化も問題ではあるが、多くの人々が居住し、農業を重要な生計活動とする農村部も、人口が増加していくのである（Office of the Population and Housing Census Commission 1991, 1998; Office of the Population Census Commission n.d.）

都市部と農村部の割合を示す数字では農村部が縮小しているようにみえるが、実際には変化のスピードが異なるだけで、どちらも増加傾向にある。出生率は都市部で一〇〇〇人当たり二一・二、農村部で四・六（二〇〇七年国勢調査、一五～四九歳の女性対象）と農村部の方が高い。一方で都市部の人口増加率は農村部のそれよりも高いことを考えあわせると、農村部と都市部が個別に完結しているのではなく、農村部から都市部へと人口が流入していると考えられる。現在都市部に居住している人たちの多くが農村部からやってきているのである（Office of the Population Census Commission n.d.）。農村部にはいまだ多くの人々が居住しており、急拡大しつつある都市部の多くの人々にとっては故郷でもある。

ただし、エチオピアにおける「都市部」については留保が必要である。なぜならば、エチオピアには統計上多くの「都市部」が存在するが、その規模はひじょうに小さいからである。ベイカー（Baker 1994）は、エチオピアにおいて小都市が農村部の発展に寄与する可能性について論じている。帝政期は、道路や通信網などの整備が進まずに地方都市が発展することができなかった。そしてそれに続くデルグ政権期でも、政府は流通を公営化して、民間商人の活動を抑制した結果、都市部は単なる政府の出先機関の所在地としての役割が中心となっていたことを指摘している。

しかし、ベイカー（Baker 1994）は、ＥＰＲＤＦ政権になってからは経済自由化と同時に、農村と都市との連関を奨励する政策[*8]を採用していることから、小都市が農村に発展をもたらす役割を果たすことを期待している。二〇一二年のアムハラ州北東部のオロミヤ県でのベイカーの調査では、人口約三万四〇〇〇人を擁する県庁所在地である都市が、男性だけでなく女性に非農業就労の機会を提供していることを明らかにしている（Baker 2012）。

しかし、このベイカーの調査で取り上げた人口三万四〇〇〇人を擁するような都市が、エチオピアにいくつあるのかを確認する必要がある。この規模の都市部が多数エチオピアに存在するのであれば、農村と都市との連関が活発にあるといえるが、実際にはそれほど多くはない。表2-2に示したように、中央統計局による統計データでは、三万人以上が居住する都市は、都市の全体数の七・五％に過ぎず、ベイカーの調査がエチオピアに多数存在している小規模な町の役割を解明しているとはいいがたい。なお、エチオピアでは、五〇〇〇人未満の都市の数は、都市の全体数の四割、五〇〇〇〜三万人未満の都市が過半数を占めている（表2-2参照）。したがって、首都アディスアベバや州都などの大都市はごく一部で、多くの「都市部」とされる地区はひじょうに小規模なのである。

表2-2　エチオピア都市部[*1]の人口規模

人口規模	都市数	（%）
＜5,000	393	40.4
5,000-9,999	310	31.9
10,000-14,999	102	10.5
15,000-19,999	46	4.7
20,000-24,999	29	3.0
25,000-29,999	19	2.0
30,000-34,999	11	1.1
35,000-39,999	13	1.3
40,000-44,999	7	0.7
45,000-49,999	5	0.5
50,000-99,999	20	2.1
100,000-150,000	7	0.7
150,000-200,000	5	0.5
200,000-249,999	4	0.4
＞250,000[*2]	1	0.1
合計[*3]	972	100

注：*1　都市部の分類は、エチオピア中央統計局の分類に基づく。
　*2　首都アディスアベバ（公称310万人）。
　*3　四捨五入により、合計と内訳の計は必ずしも一致しない。
出所：エチオピア中央統計局提供の2013年統計資料（未刊行）をもとに筆者作成。

4　若年層をとりまく環境の向上と課題

エチオピアは比較的順調な経済成長を継続してきた一方で、社会福祉の分野においても大幅な改善がみられた。特に、二〇〇〇年以降は、ミレニアム開発目標（ＭＤＧｓ、二〇〇〇〜二〇一五年）や持続可能な開発目標（ＳＤＧｓ、二〇一五〜二〇三〇年）などもあいまって、乳幼児死亡率や就学率などが大幅に向上した。一歳未満の乳児死亡率は、一九九九／二〇〇〇年度には一〇〇〇人当たり一一〇人であったが、二〇二一／二二年度には四七人と半減しており、いまだ高いとはいえ、大幅に改善している（National Bank of Ethiopia 2022）。妊産婦死亡率についても、二〇〇〇年の一〇万人当たり九五三人から二〇二〇年の二六七人へと大きく減少している。[*9]

教育についても、学校の増設などによって教育へのアクセスは向上した。たしかに、ＭＤＧｓによる国際援助とともに就学率を大幅に引き上げることには成功している。一九九四年には一九％だった純就学率が、二〇一五年には八五％に達している。また、小学校の増設によって通学時間も短縮されてアクセスが向上した結果、女子の就学率も大幅に改善されており、ジェンダー平等指数は一九九四年に〇・六四から二〇一五年の〇・九一と、就学率における男女差も縮小された。[*10] 女子の就学率の向上は、児童婚の問題が指摘されてきた調査地のあるアムハラ州においては、結婚市場に参入する年齢が高くなるという利点ももつ。

しかし、教育の質の向上は大きな課題のままである。上述のとおり就学率は上昇したものの、修了率がひじょうに低い。たとえば義務教育である八年生まで修了できた生徒は、二〇一二／一三年度の五二・八％と比較すると上昇傾向にあるとはいえ、二〇二一／二二年度で六三・一％にとどまっている（Ministry of Education 2021/22, 37）。

特に高等教育の質の低さについては、緊急の改善が必要となっている。二〇一九／二〇年度から始まったエチオピア高等教育入学資格試験（The Ethiopian Higher Education Entrance Certificate Examination: EHEECE）は、一二年生を

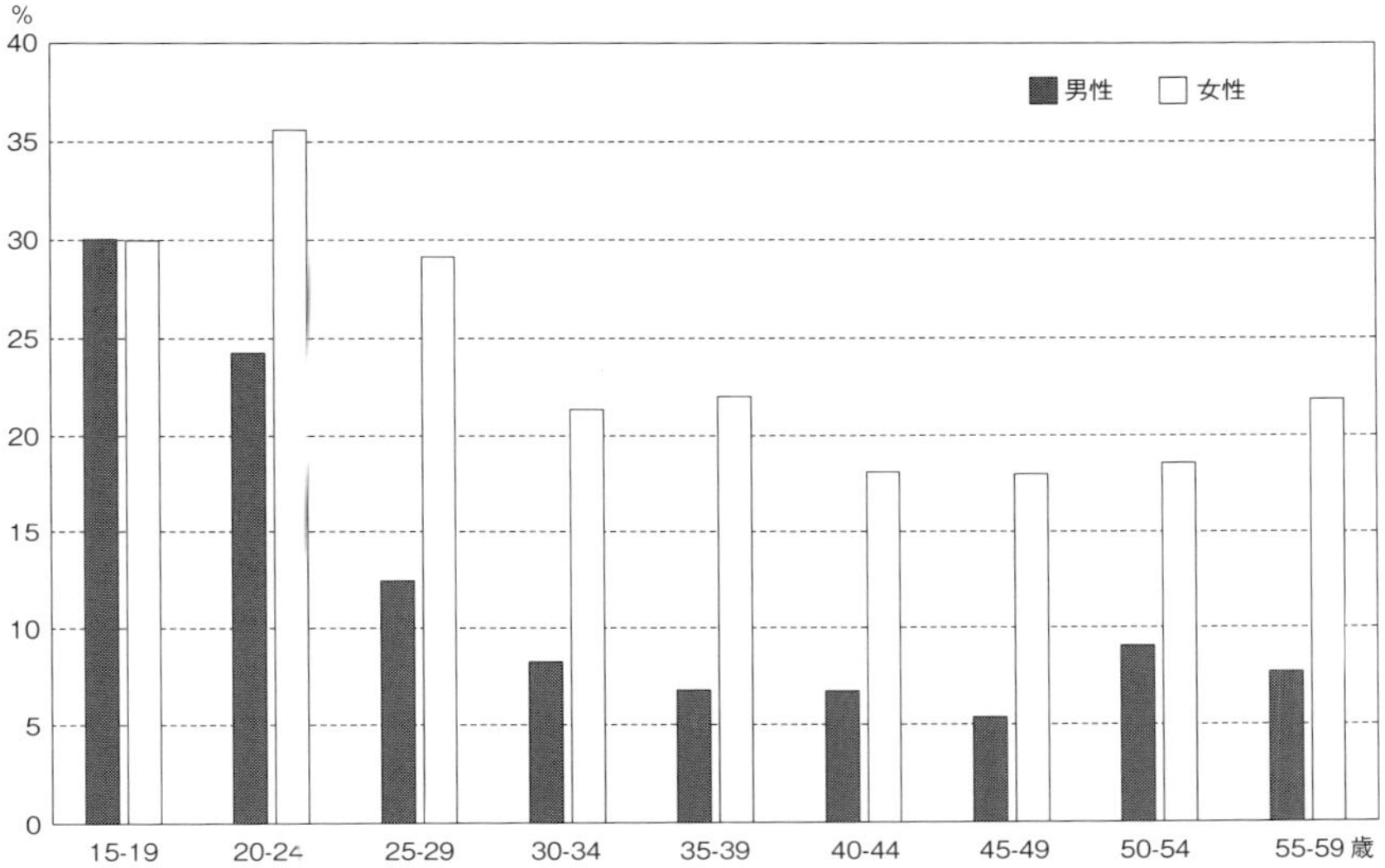

図2-4　年代別失業率の推移

出所：Central Statistics Agency（2020）をもとに筆者作成。

対象とした国レベルでの資格試験であり、この試験で五〇%以上の得点を獲得すれば、大学入学資格を得ることができる。[*11] しかし、二〇二三年に行われた試験の合格者は、三・二%にとどまった。その原因としては、大幅に教育制度を変更したうえ、高等教育への就学者の急増に追いついていない教育の質の問題に加えて、新型コロナウイルス感染拡大による学校閉鎖や国内紛争の勃発などが挙げられている（The News International 2023; The Conversation 2023）。すでに高い失業率に苦しむ若者に対して追い打ちともいえる「事件」となっている。

　また、保健衛生や教育環境が改善されつつあるとはいえ、それが直接若者の就業機会の改善につながっていない。図2-4は、年代別の失業率についての二〇二〇年の調査結果であるが、一〇〜二〇代の若者の失業率は二〇〜三〇%台であり、三〇代以上が一〇%台から二〇%前半であることを考えると、高いレベルとなっている。特に女性の失業率は一〇代を除くすべての年代で男性を上回っている。

　したがって、教育機会が増えたとしても、必ずしも教育が就職を保証するものではない。特に農村部の若者は、そのまま農村にとどまって農業を行うか、都市部でそれ以外の仕事を探すのか、難しい選択に迫られることになる。

注

＊1　エチオピアの会計年度は七月八日に始まる。

＊2　工業には、鉱業および採石業も含まれる（National Bank of Ethiopia 2022, 8）。

＊3　チャット（chat）とは、新鮮な葉に覚醒作用がある嗜好品であり、主にイエメンと東アフリカ諸国で使用される。イエメンではカート、ケニアではミラーと呼ばれる（大坪 二〇一九）。

＊4　該当国に居住する移民の数を示すストックであり、出入国者数を表すフローとは異なる。

＊5　農村部の定義であるが、エチオピア統計局による二〇〇五年の全国労働調査（National Labor Force Survey）において使用されたものをＩＬＯが以下のとおり紹介している（ＩＬＯホームページ "Inventory of Official National-Level Statistical Definitions for Rural/Urban Areas" (https://www.ilo.org/wcmsp5/groups/public/---dgreports/---stat/documents/genericdocument/wcms_389373.pdf 二〇二三年七月一二日閲覧)。本書で統計において農村部、都市部といった分類を使用する場合は、左記に準じている。人口数のみで密度などは特に考慮していない。

(1)農村部（rural areas）は、都市として分類されていないすべての地域で構成される。(2)都市部（urban areas）とは、①二〇〇〇人以上の住民がいる地域、②ただし一九九四年の国勢調査では人数に関係なく以下の地域も都市としている。(i)すべての行政首都（州、ゾーン、郡〔woreda〕レベルまでを含む）、(ii)都市住民組合（Urban Dweller's Association）がある地域、(i)や(ii)には含まれないが、人口が一〇〇〇人以上で、住民が主に非農業活動に従事しているすべての地域。

ただし、二〇〇七年国勢調査ののち新たな国勢調査が行われていないため、その後どのように人口が変化しているのか、そしてこの人数に基づいた都市部／農村部の分類が適切なのかについては留意すべきである。第3章で詳述するが、調査地においても、元々村として扱われていた地域が、都市部ではないものの農村部の「町」としての位置づけに行政的には変更されている。ただし、新たな国勢調査の遅延によって、その後の人口の変化については推計があるのみである。したがって、本書では、基本的に二〇〇七年国勢調査の数値を使用している。

＊6　Ethiopian Statistics Service ホームページ “Census 2007”（https://www.statsethiopia.gov.et/census-2007-2/, 二〇二三年七月一一日閲覧）。

＊7　Ethiopian Statistics Service ホームページ “Census”（https://www.statsethiopia.gov.et/census-2007-2/, 二〇二三年七月一一日閲覧）、および二〇二四年六月四日付 World Development Indicators のデータ（https://databank.worldbank.org/reports.aspx?source=2&series=SP.POP.TOTL&country=ETH）に基づく。

＊8　たとえば「農業開発主導産業化」（Agricultural Development Led Industrialization: ADLI）など。ＡＤＬＩについては第6章で詳述。

＊9　Health Nutrition and Population Statistics データベース（https://databank.worldbank.org/source/health-nutrition-and-population-statistics#1, 二〇二四年六月一一日閲覧）。データは推計値。

＊10　World Bank “Millennium Development Goals”（https://databank.worldbank.org/source/millennium-development-goals#, 二〇二三年九月四日閲覧）。

＊11　ＥＨＥＥＣＥの設立によって一〇年生時に行われていた一般中等教育資格試験（General Secondary Education Certificate Examination）を廃止した（Ministry of Education 2021/22, 58）。アディスアベバ大学の教員に確認したが、ＥＨＥＥＣＥは大学入学試験であり、これに合格できない場合でも高校卒業は認定されるということである。

第3章　調査地／調査方法について

本書で調査対象となる地域は、エチオピアのアムハラ州南ゴンダール県ウステ郡の農村地帯である。この節では、国勢調査のデータ[*1]を交えて調査地の概要を説明する。

1　アムハラ州

アムハラ州は、エチオピア北部に位置し（図3-1）、エチオピア全土の土地面積の二一％（一五・五万平方キロメートル）、人口で二三％（一七二二万人）を占めている。エチオピアの全人口の三七％が居住するオロミヤ州に次いで面積、人口ともに第二の規模の州である。アムハラ州における主要なエスニック・グループは、アムハラ語を母語とするアムハラであり、アムハラ州の人口の九一％を占めている。宗教は、地域によって割合が異なるが、エチオピア正教会の信者がもっとも多く八二・五％を占めており、次にムスリムが一七・一％であり、それ以外の宗教はごく少数である。

また、人口密度が高く、土地不足の問題は長年指摘されてきた。表3-1が示すように、直近の国勢調査が行われた二〇〇七年の段階で、人口密度は、全国平均の一平方キロメートル当たり九九・五人に対して、アムハラ州は一一一・三人と一二％高くなっている。特に調査地のあるウステ郡の人口密度は一平方キロメートル当たり一五二・五人

図3-1　アムハラ州の位置

注：* 現在南部諸民族州は、シマダ州（2020年6月）、南西エチオピア諸民族州（2021年11月）、南エチオピア州、中央エチオピア州（2023年8月）に順次分割されて、その名称は残っていない。
出所：筆者作成。

表 3-1　エチオピアの人口の変遷および人口密度（1994 年・2007 年国勢調査）

州		人口（人）				人口増加率（%）	年率（%）	面積（㎢）	人口密度（人／㎢）（2007年）
		1994年	（%）	2007年	（%）				
全国	合計	53,477,265	(100)	73,750,932	(100)	138	2.5	741,498	99.5
	都市部	7,323,207	(14)	11,862,821	(16)	162	3.8		
	農村部	46,154,058	(86)	61,888,111	(84)	134	2.3		
アムハラ州を除く全国	合計	39,642,968	(100)	56,528,956	(100)	143	2.8	586,789	96.3
	都市部	6,057,892	(15)	9,750,226	(17)	161	3.7		
	農村部	33,585,076	(85)	46,778,730	(83)	139	2.6		
アムハラ州	合計	13,834,297	(100)	17,221,976	(100)	124	1.7	154,709	111.3
	都市部	1,265,315	(9)	2,112,595	(12)	167	4.0		
	農村部	12,568,982	(91)	15,109,381	(88)	120	1.4		
旧ウステ郡*	合計	296,978	(100)	331,710	(100)	112	0.9	2.175	152.5
	都市部	10,714	(4)	16,093	(5)	150	3.2		
	農村部	286,264	(96)	315,617	(95)	110	0.8		
ウステ郡（旧東ウステ郡）（調査地）	合計	—		210,825	(100)	—		1,365	154.4
	都市部	—		13,901	(7)	—			
	農村部	—		196,924	(93)	—			

注：* 1994年に国勢調査が行われたウステ郡は、2005年に東ウステ郡（2012年にウステ郡に名称変更）と西ウステ郡に分割された。そのため、2007年の国勢調査のデータについては、1994年との比較のために、旧ウステ郡として、東ウステ郡と西ウステ郡の人口を合算したものを示した。
出所：Office of the Population and Housing Census Commission (1998), Office of the Population Census Commission (n.d.), Central Statistical Agency (2011) より筆者作成。

とひじょうに高い。

一方、人口の増加率は全国平均を下回っている。国勢調査の行われた一九九四年と二〇〇七年の一三年間でアムハラ州の人口は年率一・七％で増加しているが、全国平均の年率二・五％と比較すると低い。これは農村部における人口増加率の低さに起因する。アムハラ州の都市部は全国平均を若干上回る人口増加率を示しているが、農村部については、全国の農村部の平均年率二・三％に対して、アムハラ州は一・四％に過ぎない。特に調査地のウステ郡[*2]農村部では年率〇・八％にとどまっている（Office of the Population and Housing Census Commission 1998; Office of the Population Census Commission n.d.）。アムハラ州やウステ郡における高い人口密度と低い人口増加率からは、いくつかの可能性が考えられる。まず、人口が他地域に流出している可能性、そして農村人口の再生産を住民が抑制している可能性である。先述の保健指標の大幅な改善や避妊指導によって人口増加が抑制された可能性もあるが、保健プロジェクトは全国的に行われており、おそらく後者は当てはまらないであろう。

2　ウステ郡

調査地があるのは、アムハラ州南ゴンダール県ウステ郡である。ウステ郡は二〇〇五年に東ウステ郡と西ウステ郡に分割された。さらに二〇一二年に東ウステ郡のみ再び名称をウステ郡に戻している。郡役所のある町は、二〇〇五年の分割前のウステ郡と二〇〇五年以降の現ウステ郡でも一貫してメカネイエススであり変更はない[*3]。

ウステ郡は、アムハラ州の中央部に位置する（図3-2参照）。ウステ郡の人口は、二〇〇七年の国勢調査で約二一万人であり、その九三％は農村部に居住している（表3-1）。国勢調査時に都市部とされているのは、郡役所のあるメカネイエスス（人口一万四千人、二〇〇七年）のみであり、それ以外は統計の分類上は農村部として扱われている。

高度は海抜約二〇〇〇メートルと、首都アディスアベバとほぼ同じである。平均年間降水量は一三〇〇〜一五〇〇ミリメートルと比較的降水量に恵まれており、ウステ郡は通常通りの降水量であれば、穀物自給が可能であるとされている（Abeje 2012, 27）。そのため、ウステ郡は、干ばつの起こりやすい地域への食料支援プログラムの対象外となっている。[*4] しかし、アベジェによるウステ郡での聞き取り調査では、七八％の調査協力者が食料の自給はできていないと回答している（Abeje 2012, 27-28）。その理由としては、耕地面積の縮小、土壌の肥沃度の低下、不安定な降水量、人口増などが挙げられている。そのため、ウステ郡は、歴史的にも移出者を多く輩出している地域として行政に認識されているという（Abeje 2012, 92）。

3　J村落地区およびJ町

3-1　地域概要

ウステ郡にある調査地J村落地区（*qebele*）とJ町（*ketema qebele*）[*5] は、元々一つの村落地区であった。非農業部門の経済活動従事者の人口が増加したことを受けて、J村落地区を構成する五つの村の一つであったJ村を村と町に分けることになり、二〇一一年にJ町は生まれた。

J町は、定期市が開催されている地域を中心とした二〇五ヘクタールの地域である。エチオピア統計局の農村部と都市部の分類[*6] に従うと、人口規模や経済活動の状況から、J町は都市部の要件を十分に満たしている。公的に「町地区」と位置付けられたことで、次回の国勢調査

図3-2　アムハラ州南ゴンダール県ウステ郡の位置

出所：OCHA/ReliefWeb（2017）に基づいて筆者作成。

写真3-1　雨季には増水して横断が困難（2008年7月30日、筆者撮影）

では都市部として分類されると考えられる。

J町のJ村からの独立に伴って、J町内にあったJ村落地区の役場の機能も、同じ敷地内ではあるが二つに分けられた。村落地区と町地区それぞれに、行政担当官や、議会機能を担うコミッティー・メンバーが任命されている。また、J町には、村落地区にはない一〇年生までの学校、[*7]助産師のいるヘルスセンター、家畜診療所など、さまざまな行政機関や行政サービスのための施設が集まっており、J町はこの地域一帯の行政の中心である。

J村落地区にはまだ電気はないが、J町には二〇一〇年に電気が開通し、J村落地区でも二〇〇九年の段階で携帯電話は使用可能となっていた。J町は、州都バハルダルと郡庁所在地メカネイエスス間を結ぶ未舗装の幹線道路からややはずれたところに位置しており、二〇一七年までは、幹線道路までの道には橋のない川があったために公共交通機関はなく（写真3-1）、郡役所のあるメカネイエススに行くには、徒歩で三、四時間かかっていた（図3-3、3-4参照）。なお、二〇一七年には、J町とメカネイエススとの間に舗装道路が開通し、三輪自動車やミニバスなどが運行しており、三〇分程度で移動できるようになった。さらに二〇一八年には南ゴンダール県県庁のあるデブ

図3-3　ウステ郡内における J町／村落地区の位置

注：J町とJ村落地区を明確に区分した地図はウステ郡役所でも作成しておらず、町地区・村落地区を合わせた形となる。また、役所提供地図は手書きであり、境界線については正確なものではない。
出所：ウステ郡役所提供地図をもとに筆者作成。

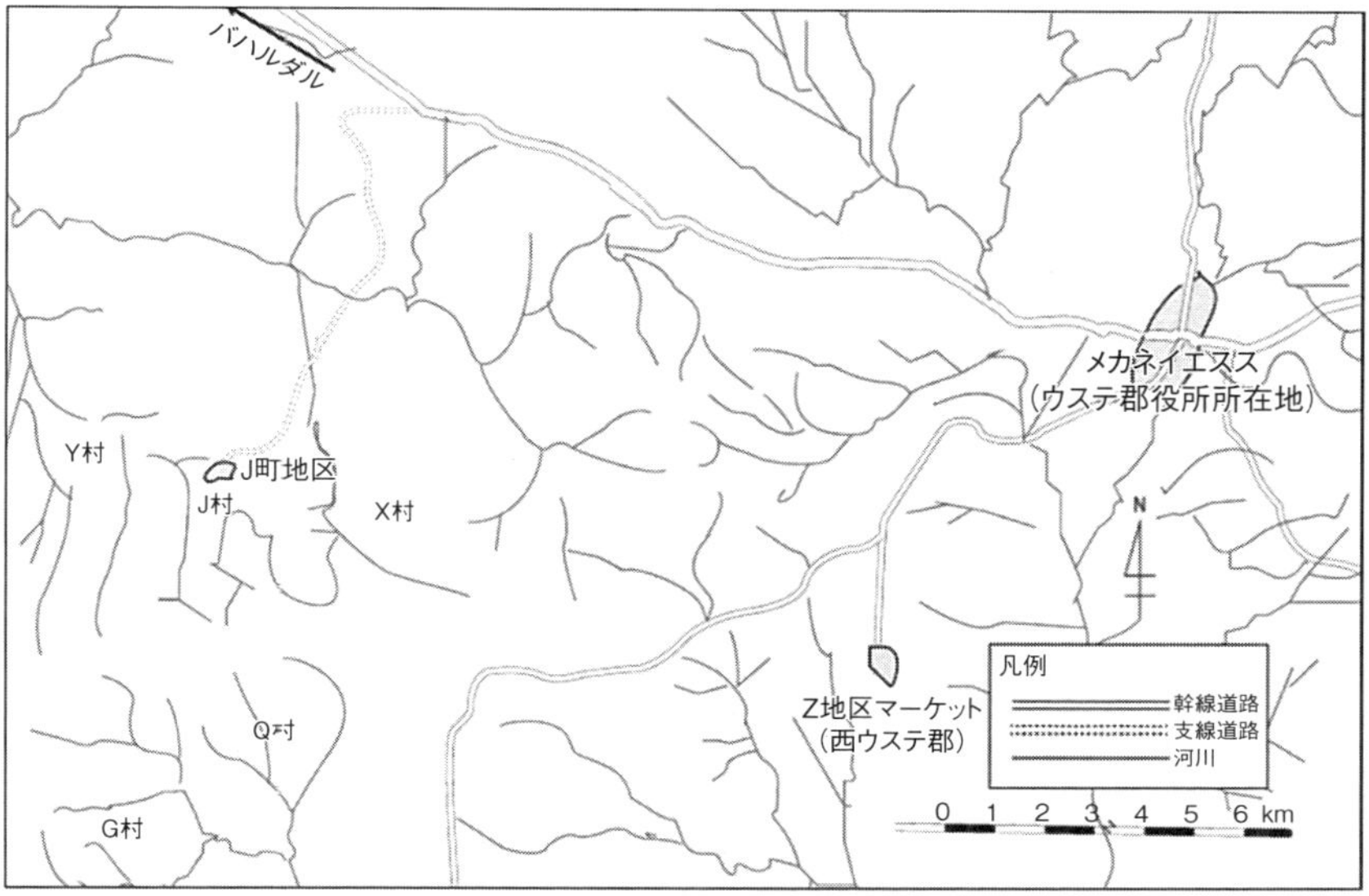

図3-4　ウステ郡役所のあるメカネイエススと調査地との位置関係

注：道路は2017年の舗装道路開通前のものである。
出所：Ethiopia Mapping Authority 1988年発行地図「Iste（Mekane Iyesus）」「Mebrej」をもとに筆者作成。

レタボールまでの舗装道路が開通している。

表3-2に示したのは、J町およびJ村落地区の役所提供による情報をもとにした人口構成である。ただし、これらのデータについては、キリの良い数値が使用されていたり、確認するたびに数値が変わることもあるなど、正確性に問題がある。そのため、大体の傾向について把握するにとどめる。

夫婦と子どもで構成される農村部の世帯と比べて、町では、単身男性や女性世帯主が多いのが特徴である。町は周辺地域からの移住者を多く受けているために、世帯主や人口の男女比が農村部とは異なっている。まず、町では女性世帯主の割合が高い。二〇一九年のデータでは、女性世帯主の割合はJ村落地区では一一％であるのに対して、J町では三一％と高い。この理由については、第8章で改めて検討するが、町が農村で離婚した女性などの受け皿になっていることが、要因の一つである。

女性世帯主の割合が農村部よりも高い一方で、男性の人口も多い。村落地区では男性は全人口の五二％であるが、町では男性が六九％を占めている。町の人口の数値については、例えば二〇一九年のデータでは、男性二〇〇〇人、女性九〇〇人と提供された数値に端数がなく、その正確性については疑問があるものの、村落地区よりも男性が多い傾向にある。非農業就労の集積地として周辺農村地区からの単身男性の移住者を受け入れてきたことに加えて、J町と都市を結ぶ幹線道路や学校の建設などによって男性労働者の流入が加速したことも要因の一つであろう。

次に、二〇一四／一五年と二〇一九年の人口を比較すると、村落地区の人口が六〇一八人から五五六六人と八％減少している。世帯数も二六％減である。一方、町については二〇一四／一五年の人口は不明であるものの、世帯数が二〇一九年には約二・三倍になっていることから人口は増加傾向にあると考えられる。表3-1（三七頁）に示したとおり、ウステ郡全体の人口推移では農村部の人口増加が他地域と比較して低い傾向にあることを考えると、J村落地区における人口減少は統計上の誤差とは言い切れない。少なくとも、町と比較すると、村落地区における人口は、再生産が抑制されているか、他地域への流出によって停滞傾向にあると推測される。

表 3-2　調査地域の人口

2019年

	世帯数			人口(人)		
	合計	男性世帯主	女性世帯主	合計	男性	女性
J町地区	915 (100)	630 (68.9)	285 (31.1)	2,900 (100)	2,000 (69.0)	900 (31.0)
J村落地区	1,058 (100)	942 (89.0)	116 (11.0)	5,566 (100)	2,866 (51.5)	2,700 (48.5)
G村	180 (100)	170 (94.4)	10 (5.6)	NA		
Q村	220 (100)	180 (81.8)	40 (18.2)			
J村*	70 (100)	60 (85.7)	10 (14.3)			

2014／15年

	世帯数			人口(人)		
	合計	男性世帯主	女性世帯主	合計	男性	女性
J町地区	403 (100)	271 (67.2)	132 (32.8)	NA		
J村落地区	1,421 (100)	1,214 (85.4)	207 (14.6)	6,018 (100)	3,369 (56.0)	2,649 (44.0)

1997／98年

	世帯数			人口(人)		
	合計	男性世帯主	女性世帯主	合計	男性	女性
J町地区＋ J村落地区	1,069 (100)	898 (84.0)	171 (16.0)	4,731 (100)	2,650 (56.0)	2,081 (44.0)

注：* J町が独立する前のJ村のうち、J町にあたる地域を除いた地域が現在のJ村である。
出所：各時期のJ町およびJ村落地区役所からの聞き取りをもとに筆者作成。

3-2　J村落地区

J村落地区は、宗教、民族、経済活動において同質性の高い地域である。J町には若干イスラーム教徒がいるが、J村落地区の住民は全員がエチオピア正教会の信徒である。

聞き取り調査において確認できた経済活動は、主に自ら保有する土地や賃借地において営まれる農業[*8]や家畜の肥育（写真3-2）に加えて、エチオピア北部のゴマ農場や南部のコーヒー生産地などへの出稼ぎ労働である。村落地区内の経済活動は、自らが生産した農産物や肥育した家畜を定期市へ売りにいくか、農外就労として他人の圃場での日雇い労働ぐらいであり、それ以外に調査地で確認できた経済活動は、太陽光発電による売電を行っている一世帯のみであった。現金収入を得られる経済活動は限定的である。農村部に居住する女性世帯主についても同様で、農業経営または土地賃貸が主な収入源であり、後述するJ町の多くの女性が行っている地ビールや紅茶を提供する飲食業や雑貨商のような商業活動は確認できなかった。それ以外の収入としては都市部へ移住した子どもなどからの仕送りがある。アベジェがアムハラ州州都バハルダルで行ったウステ郡からの移入者についての調査では、移入者の二七％が出身地の家族に何らかの支援を行っていると回答している（Abeje 2012, 52-53）。なお、筆者の村落地区における調査では、イースターやエチオピア暦[*9]の新年などに、移出者が帰郷して多少の金銭を渡していたが、それ以上の定期的な送金については確認できなかった。多くのJ村落地区居住者が銀行口座をもっていないため送金自体が困難であるとともに、送金自体が頻繁ではないため銀行口座をもつ必要がないとも考えられる。携帯電話による送金サービスは多くのエチオピアの銀行によって開始されているが、地方においては発展途上である。

3-3　J町

J町は、元々J村落地区の中の一つの村の一部であったが、近年の人口急増と非農業部門の経済活動の活発化を受

写真3-2　J村落地区。今でも牛耕に依存している（1998年5月19日、筆者撮影）

写真3-3　J町。市の日に周辺農村から人々が集まる（1998年4月11日、筆者撮影）

写真3-4　市の日には町の広場に人々があふれる（1998年4月13日、筆者撮影）

けて、町地区として独立した。J町もその成り立ちは周辺の村落地区と大きく異ならず農業地帯であったが、他の村落地区内の村と大きく異なるのが、定期市の開催である。現在のJ町と村落地区との境界にある三五〇年以上前に建立されたというエチオピア正教会に人々が礼拝のために集まる中で、市が形成されていったと伝えられている*10（写真3-3、3-4）。J村落地区の村それぞれにも教会はあるが、J町にある教会周辺で定期市が立つようになり、村落地区の中でも中心的な役割を果たすようになった。

一九八〇年代初期には、J町にはクリニックや学校が建設され、J村落地区の中ですでに中心的な位置づけにあった。また、EPRDF政権の下で流通が自由化されることによって前政権期と比べて商業活動が活発になり、商人の数も大幅に増加している（児玉 二〇〇二）。そのため、J町の居住者には農業経営以外の職業に就く者が多い。

J町の居住者のほぼ全員が、アムハラ語を母国語としており、エスニック・グループとしてはアムハラとなる。*11 宗教については、周辺農村の住民は全員がエチオピア正教の信者であるのに対して、J町ではイスラーム教徒が全体の一〇%強を占めている（一九九八年筆者調べ）。

4　調査方法

本書でとりあつかう調査は、主に一九九八年から二〇一七年まで断続的に行ってきたものである。調査手法は、調査票を使った半構造化インタビューと参与観察、および行政機関への聞き取りである。調査で使用した言語は、アムハラ語である。筆者が直接聞き取り調査を行うとともに、調査対象者の同意のもと音声を録音した場合もある。録音については、アムハラ語話者にテープ起こしを依頼して内容を確認した場合もある。一連の調査概要は表3-3に示した。

表 3-3　調査一覧

調査時期／調査名	調査地	対象者	調査対象数*	備考	該当章
1998年5～11月 J町地区基礎調査	J町地区	定期市周辺居住世帯	253世帯	定期市から外側に向かって家屋を網羅的に訪問し、253世帯を調査。それ以外に調査を拒否したのは1世帯である。2014／15年の世帯数に対しては63%にあたる。夫婦両方に聞き取り調査を行っている場合がある。	4
1999年4月 J村落地区基礎調査	J村落地区 G村	特に属性を指定せず、村長に紹介された世帯	67世帯	G村村長による案内。夫婦両方に聞き取り調査を行っている場合がある。当時のG村世帯数283世帯（カバー率24%）	3
2003年7月 J町地区女性世帯主調査	J町地区	女性世帯主	54人	町地区で役所が案内を出して集まった参加者。2014／15年の女性世帯主数に対して42%にあたる。	4
2003年7月 J村落地区土地保有の実態調査	J村落地区 G村Q村	特に属性を指定せず、村長に紹介された世帯	36世帯 （G村24世帯＋Q村12世帯）	各村長による紹介。夫婦両方に聞き取り調査を行っている場合がある。	3
2011年9～10月および追跡調査（2012年9月、2013年10月、2015年11月、2016年7～8月） J町地区若年層女性調査	J町地区	若年層の女性またはその家族	52人	J村落地区提供の保健局によるJ町地区およびJ村落地区における全戸調査のデータをもとに15～29歳の女性を無作為抽出（データに対してカバー率46%）	4
2013年10月 J村落地区若年層女性のいる世帯の調査	J村落地区 Q村	若年層の女性またはその家族	20世帯＋5人	村長による紹介（20世帯）および教会礼拝者（5人）。ただし、1世帯に複数の若年層女性／男性がいる場合は、そのデータを使用したため、データとしては若年層の女性34人、男性15人となる。	3
2015年11～12月および2016年7～8月ウステ郡、J町地区、村落地区行政機関への調査	メカネイエスス、J町地区	ウステ郡役所およびJ町地区・村落地区役所			4

注：* 世帯数を使用している調査は、居住宅を訪問してそこに在宅していた成人にインタビューを行ったため、夫のみ、妻のみ、または夫婦両方にインタビューを行っている。
出所：筆者作成。

写真3-5　村の遠景。家は散在している（1998年5月15日、筆者撮影）

写真3-6　大家夫婦と筆者。借りた家の前で（2004年2月、現地住民撮影）

4-1　一九九八年——J町基礎調査

第1回目の調査は、一九九八年五〜一一月に、J町の家に間借りして住み込みで行った。定期市の中心から出発して網羅的に家屋を訪問して二五三世帯に対して訪問調査を行った。図3-5にJ町の訪問世帯を示しているが、町の中心から同心円的に調査を始め、家が途切れて畑地や草地になるまでの地域を訪問した。二五三世帯は、役所が把握している二〇一四／一五年のJ町の世帯数四〇三世帯（表3-2）に対して六三％にあたる。[*12] この調査は筆者が単独で行った。

4-2　一九九九年——J村落地区基礎調査

J村落地区内にあるG村で短期滞在訪問調査を行った。訪問世帯は、G村の六七世帯である。これは、調査当時のG村の全世帯数二八三世帯[*13]に対して二四％のカバー率となる。G村では当時J町も含まれていたJ村落地区のチェアマン[*14]の家に滞在した。J町では単独での訪問調査が中心であったが、G村ではチェアマンの案内のもと家を訪問した。チェアマンが訪問先を選択しているためランダム調査ではない。チェアマンは村落地区の選挙で選出されるが、EPRDF以外の候補者がいない中での選挙でありチェアマンはEPRDFの支持者である。したがって、訪問世帯は現政権であるEPRDFを支持している世帯に偏っている可能性はあるが、見知らぬ外国人単独での訪問では調査自体を行うことは困難であり、調査地で信頼されている人からの紹介が必要であった。したがって、調査対象者となった世帯は、現政権に対して不満の少ない比較的経済的に恵まれている可能性が高く、その点について留意する必要がある。

4-3　二〇〇三年——J町女性世帯主調査

二〇〇三年にJ町において、女性世帯主五四人に対して半構造化インタビューを行った。一九九八年の調査の結果、

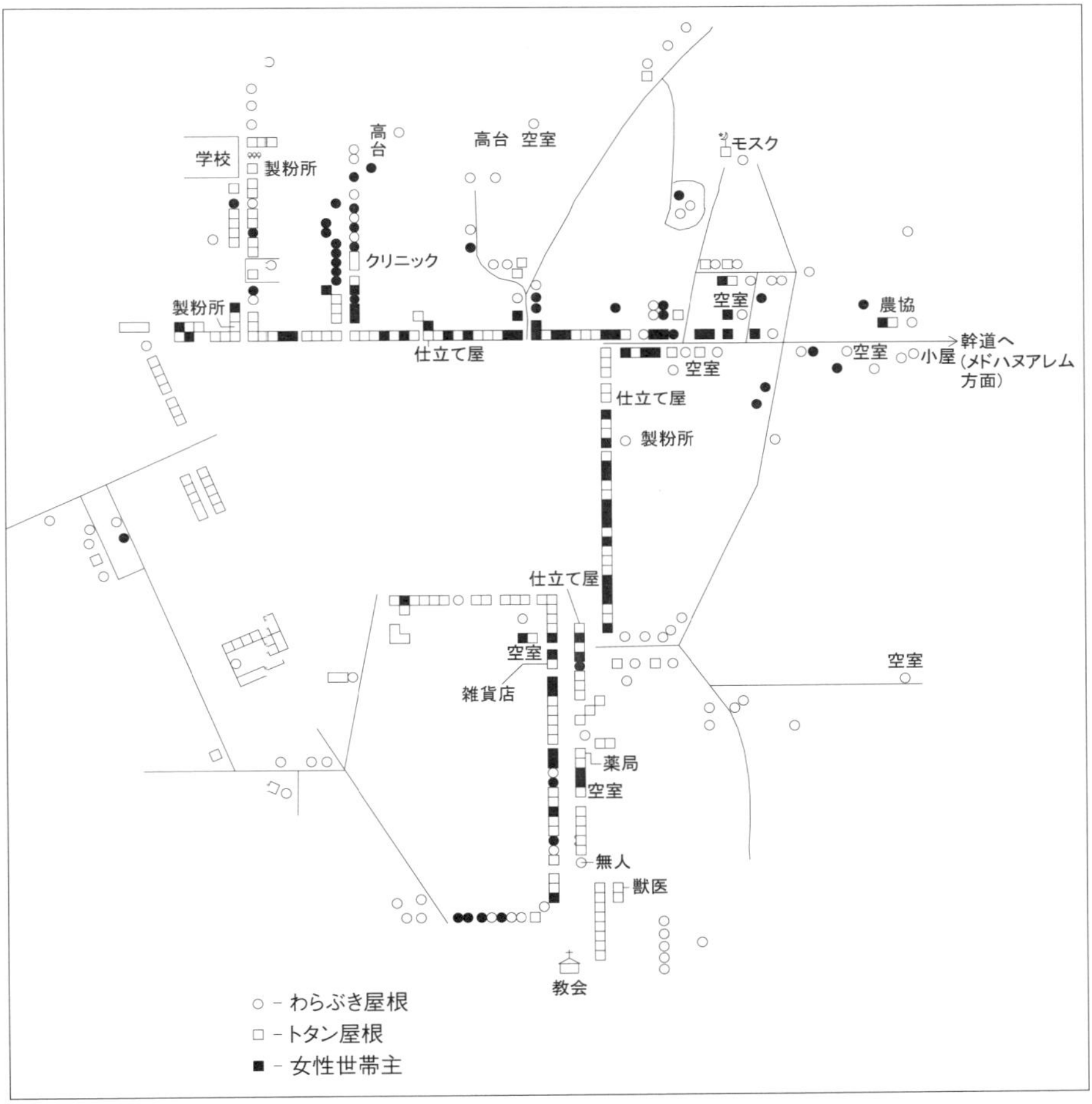

図3-5　J町訪問世帯の分布図

出所：筆者作成。

J町にはJ村落地区よりも女性世帯主の割合が高いことはわかっており、その実態調査を目的とした。二〇〇三年はJ町がJ村落地区から独立する前であり、J村落地区役所が口頭で案内を出して、インタビューのために自主的に集まった女性世帯主が調査対象となった。そのため、調査対象者は、役所と接点があって案内について知ることができ、限定された時間に集まる余裕のある女性に偏っている可能性はある。なお、少なくとも半数の二七人は一九九八年の調査にも参加していたことが確認できた。一九九八年以降に新たに移住してきたことが明らかな女性は九人である。残りの一八人については、聞き取った内容から一九九八年にもJ町にいたと推定できるが、一九九八年当時は未成年で調査対象外だった場合もあり、名前からは同定できなかった。

4-4　二〇〇三年——J村落地区土地保有の実態調査

J村落地区での調査では、G村二四世帯およびQ村一二世帯の合計三六世帯に対して調査を行った。一九九九年のG村での調査と同様に、G村はJ村落地区のチェアマン、Q村では村長[*15]の案内によって世帯を訪問した。Q村を追加した理由は、G村の調査対象者の選択にチェアマンの意向が反映されている可能性が高いためである。ただし、Q村での調査にしても村長の紹介および案内にしたがうことになるため、村長の意向が働くことを免れることはできない。また、彼らが立ち合いのもと調査を行っており、調査対象者は現政権に批判的な意見を述べることは難しい状況であった。したがって、一九九九年G村での調査同様、サンプルや回答内容にある程度偏りがあることについては留意する必要がある。なお、二〇〇三年のG村二四世帯のうち、一九九九年のG村の調査にも参加したことが判明している世帯は五世帯である。

4-5　二〇一一〜二〇一六年——J町若年層女性調査

二〇一一年の調査では、若年層の生計活動を主な調査対象として、J町の若年層（一五〜二九歳）の女性を対象に半構造化インタビューを行った。調査対象者は原則として一五〜二九歳の女性のいる世帯の女性本人、不在の場合はその親である。[*16] 調査対象者を選定するにあたって、J町役所が保有していた二〇〇八／二〇〇九年度にヘルスワーカーが行ったエチオピア・トラコーマ・コントロール・プログラムのために行った戸別訪問調査のデータを使用した。[*17] これが当時唯一のJ町およびJ村落地区の全戸調査であり、家族構成が性別、年齢とともに記載されている。この戸別訪問調査のデータは、三年後となる二〇一一年時点の若年層の女性の全員を網羅しているとは限らず、当時の親が子どもの年齢を正確に回答しているのかについては留保が必要であるが、一五〜二九歳の女性の対象者の氏名を具体的に把握するために十分であると判断した。このデータから、一五〜二九歳の女性のいる世帯をリスト化した。該当世帯は一一二世帯であった。リストアップ時には一四五世帯であったが、二〇一一年の調査時に存在しない世帯があったり、訪問の結果対象女性の年令の誤記載が判明することもあり、それらを除いた結果である。なお、二〇一一年時点で一五〜二九歳の女性を調査対象としているため、トラコーマ・コントロール・プログラムのリストから一三〜二七歳の女性を抽出した。

このデータをもとに筆者はJ町で二段階に分けて調査を行った。最初の調査では、上記リストから一五〜二九歳の女性のいる世帯一一二世帯からランダムに対象者を選択し、調査参加者が五二名に達するまで、質問票を用いたアンケート調査を行った。[*18] これは一一二世帯に対して四六%のカバー率となる。ここでの調査結果を踏まえて、次の段階では、J町出身者二五人に深層インタビューを行った。なお、この調査対象者五二人については、二〇一一年の調査以降も二〇一六年まで所在や経済活動、婚姻ステータスなどに関して追跡調査を行った。

二〇〇三年の調査に参加した女性が二人おり、一九九八年や二〇〇三年の調査で親にインタビューを行っていたのはJ町出身者二七人のうち二一人である。

4-6　二〇一三年――J村落地区若年層女性のいる世帯調査

二〇一三年一〇月には、J村落地区Q村において若年層（原則一五〜二九歳）の女性または若年層の女性がいる世帯を対象に聞き取り調査を行った。この調査では、若年層の女性が村落地区においてどのような生計活動を営んでいるのかを調査するのと同時に、第五章で詳述する一九九一年の土地再分配後に成人となった若年層の土地保有の状況を確認した。

Q村村長の案内で二〇世帯に訪問調査を行い、それに加えてエチオピア正教会での礼拝から帰宅する途中の女性五人に対して筆者が単独で聞き取り調査を行った。Q村村長には、前出のトラコーマ・コントロール・プログラムのリストからQ村在住で一三〜二七歳の女性を抽出した世帯のリスト（二四世帯）を提示して紹介および案内を依頼した。村長は、このリストを参照しつつ、それ以外にも一五〜二九歳の女性がいる世帯で村長が把握している家に案内された。三〇歳と回答した場合も限られた時間の中で調査を中断すると訪問世帯数が減ってしまうことになるため、調査を継続した結果三〇歳が六人含まれている。筆者単独での調査では、リストは使用せず、調査前に本人の年齢を確認して一五〜三〇歳の範囲内である場合のみ聞き取り調査を行った。調査対象二五世帯のうちトラコーマ・コントロール・プログラムのリストに挙がっていた世帯は一六世帯であった。二〇〇三年のQ村での調査参加者との重複は判明しなかった。

分析に使用したデータには、父母からの聞き取りでその世帯に複数の若年層女性がいる場合は、そのデータも含めた。また、女性本人にも該当年齢の子どもや姉妹がいる場合があり、そのデータも含めて、一五〜三〇歳のデータのサンプル数は合計三四人となる。直接聞き取りを行ったのが二〇人、間接的にデータを得たのが一四人である。また、家族構成についても聞きとりを行ったので、調査対象者の一五〜三〇歳の兄弟一五人のデータも得られた。同じ世帯出身者を使用することで経済的な状況などの重複がでることも考えられるが、ここではサンプル数を優先した。

4-7　二〇一五年、二〇一六年——ウステ郡、J町、村落地区行政機関への調査

二〇一五年一一月から一二月および二〇一六年七月から八月にかけて行った調査は、土地管理制度の実態を解明することを目的とするものであった。アムハラ州レベルの行政機関などから州全体の土地に関する情報を収集するとともに、ウステ郡の環境保全土地管理局やJ村落地区内にある土地管理委員会のメンバーや住民などから実際の土地管理や紛争の解決方法について聞き取りを行った。

本書における一連の調査によって、一八年間の特定の地域の長期的な変化の解明をめざした。特に二〇一一年に調査を行った若年層の女性については、その後の五年間を追跡することで、時の経過による特定の個人の変化を知ることができた。また、親の世代についても一九九八年の調査に参加していることから、世帯の変化も確認できた。

一方、本調査の限界としては、この期間に行った調査の目的はすべて同じというわけではない点が挙げられる。そのため、全期間を通して追跡できた調査対象者が少数にとどまっており、調査項目の重点が調査によって異なっているために質問事項にブレが生じている。

注

＊1　本章で使用した二〇〇七年の国勢調査は、ティグライ州とソマリ州以外は、エチオピア統計サービスが二〇二四年六月一一日現在で提供しているデータである（https://www.statsethiopia.gov.et/census-2007-2/、二〇二四年六月一一日閲覧）。現在アクセスできないティグライ州とソマリ州の二〇〇七年の国勢データは、エチオピア統計局（エチオピア統計サービスの前身）がホームページで提供していたものを二〇一一年にダウンロードしたものである。これらについては、本文中で出所を記載しない。

＊2　分割以前の時期との比較のため、二〇〇七年は東ウステ郡と西ウステ郡を合算した数値を使用している。

＊3　二〇一七年八月二五日ウステ郡事務局長より筆者聞き取り。

＊4　アムハラ州農業農村開発局（Bureau of Agriculture and Rural Development）での筆者聞き取り。

＊5　町地区（*ketema qebele*）という行政区分については、筆者が調査地での使用を認識したのが二〇一一年であり、比較的新しい行政区分であるといえる。そのため、二〇一七年の調査時にはウステ郡役所の所有する統計で町地区のみを対象としたデータは公開されていなかった。

＊6　具体的な定義については、第2章注6を参照。

＊7　二〇一七年九月に九、一〇年生対象の中等学校が開校した。それまでは義務教育とされる八年生までの小学校のみであった。

＊8　調査地における主な農産物は、主食のインジェラの原材料となるテフ、そして小麦、トウモロコシ、大麦、ジャガイモ、ひよこ豆、ガラス豆、油用種子などである。

＊9　エチオピア暦は原則として九月一一日に始まる。年についても西暦に対して約七年遅れている。したがって、西暦二〇二四年九月一一日はエチオピア暦二〇一七年一月一日となる。

＊10　二〇一一年ジバスラ町地区在住の長老より筆者聞き取り。

＊11　回りくどい言い方になっているが、これは住民たちには特定の民族に属しているという意識が低く、自分たちが所属するエスニック・グループについて答えられないことが多かったためである。これは村落地区も同様である。第1章で述べたように、アムハラ州に居住するアムハラには他民族による支配経験がなく、社会も同質性が高いために、特定の民族に属しているという意識が低かったためと考えられる。J町地区では、エチオピア正教徒かムスリムかといった宗教上の違いの方が重要となっていた。

＊12　一九九八年の調査時には、J町地区はJ村落地区から独立していないため、J町地区の公式の人口数や世帯数は不明である。

＊13　一九九九年当時のJ地区チェアマン（本章注14参照）からの筆者聞き取りによる。

＊14　現地でチェアマン（または現地語で *Liqa Menbar* chief chair の意）と呼ばれており、村落地区の選挙によって選出される首長である。

＊15　正確な肩書は裁判官（*dannya*）であり、村内で紛争が起きたときの裁定を行うが、同時に村の代表として村落地区役所の会議などに参加するため、ここでは村長と呼ぶ。

＊16　ここで原則としているのは、データをもとに訪問したものの、三〇歳の女性一人が含まれているためである。これは、提供されたデータに基づいて選択したものの、本人やその親が必ずしも正確な年令を把握しているわけでないため、当時の年令または

調査時の年令に誤差が生じていると考えられる。このような誤差が生じることは、国勢調査の年令ごとの人口データをみると、末尾が〇や五になる年令が突出して多くなっていることからもわかる。ここではサンプル数の確保を優先して、三〇歳の女性のデータも含めた。

＊17　このリストは、J村落地区役所から提供された。町地区の役所が記録している世帯主は、農地を保有して土地税を支払っている者に限られており、農業以外の経済活動に従事している世帯はリストに入っていなかった。正確性に留保が必要だが、全戸調査で限定された年齢層を抽出するためには、トラコーマ・コントロール・プログラムのリストが最善の情報であった。

＊18　アンケート調査は、女性の調査助手一名と手分けして該当世帯を訪問して行った。

第Ⅱ部

土地獲得のための戦略と限界

第Ⅱ部では、エチオピアの農村変容を理解するにあたって、土地制度を中心に検討する。エチオピアは、国土の四五％にあたる海抜一五〇〇メートル以上の高地地域に人口の五分の四が居住しているため、耕作適地の高地は人口過密である（EPA 1997, 41; Office of the Population Census Commission n.d.）。そのうえ、降雨が不安定にもかかわらず天水依存の農業を営んできたこともあり、エチオピアは繰り返し干ばつと飢饉を経験してきた（Lautze et al. 2003, 145; Pankhurst 1985）。そのため、土地問題は、食料安全保障の問題と密接に関連する重要な国家の問題として、長年重要視されてきた（Bahru 2002, 241）。そのため、土地制度は、慣習のみで成立するものではなく、国家によってもさまざまな介入を受けてきた。

ＥＰＲＤＦは、新たな土地政策を施行したが、その一方で、農村の人々は、その政策をある程度受け入れつつ、実情に即した形で手を加えている。第Ⅱ部では、国家と人々との相互作用によってどのように土地制度が実践されてきたかを追跡していく。第4章でＥＰＲＤＦ政権期以前の土地制度の変遷を把握した後、第5章以降では、ＥＰＲＤＦ政権になってからの土地制度に対する人々の対応を検討する。

ＥＰＲＤＦによる土地政策の中で、調査地の土地制度に大きな影響を与えたものとしては次の二つが挙げられる。一つは、一九九一年にＥＰＲＤＦが政権に就く前後に行われたエチオピア北部における土地再分配と、もう一つは一九九〇年代後半に始まった土地登記や新たな土地法の施行などによる土地管理制度の整備である。これらの政策は、調査地における土地保有権の取り扱いに大きな影響を与えている。

ＥＰＲＤＦによる土地政策の大きな特徴は、世帯単位ではなく個人単位での土地保有権を付与していることにある。これによって、女性個人が、これまで認められてこなかった土地保有権を得られるようになった。しかし、元々男性に有利な形で形成された制度を変革しようとすれば、その結果不利益を受ける男性側がそれに抵抗することが推測できる。

また、このような国家による土地政策の施行と並行して、調査地では土地不足の問題が深刻化している。土地政策自体は、土地保有権の保証などを通して農業への投資促進による生産性向上などが期待できるとはいえ、土地不足への抜本的な解決にはならない。調査地では、土地へのアクセスを獲得するために、土地政策がカバーできる範囲よりも広範な形で土地制度が変容していることを示す。

第5章では、一九九一年の土地再分配と同時に導入された新たな土地保有権の考え方が、どのように調査地において受容されたのかを検討する。ＥＰＲＤＦによって行われた土地再分配は、土地保有権を世帯単位ではなく個人単位で取り扱い、女性個人に対しても土地保有権を与えた。男性優位社会といわれるアムハラにおいて、この政策がどのように農村社会に受け入れられるのかは精査が必要である。土地の拡大がない中で新たに女性の土地保有権を与えるということは、同時に男性の土地保有権の範囲が狭まることを意味する。そのような権利の移転がどのように受け入れられるのだろうか。

第6章では、一九九〇年代後半に導入された土地登記と新たな土地法によって、調査地ではどのように土地管理制度が整備されているのかを確認する。調査地においても、既存の農村社会の制度を利用しながら、国家による土地管理制度が浸透しつつあることが明らかとなった。

第7章では、土地管理制度の整備と同時並行で進行している土地制度に関する新たな慣習について検討する。土地は子どもが分割相続するため、相続による土地細分化はアムハラ州における長年の問題である。国家によって土地の管理が進む一方で、調査地では土地不足が深刻化している。そのため、人々は土地へのアクセスを増やすために、既存の土地制度や慣習を変化させていた。調査地において土地管理制度がどのように運用されているのかを明らかにするのと同時に、実際の土地制度の実践についても解明する。また、農村の人々は、土地を基盤とする農業だけでなく、他の経済活動を行いながら生計を維持している。農村部における人々の生計活動を、土地問題だけでなく農業経営以外の経済活動に範囲を広げて分析を進める。

第4章　ＥＰＲＤＦ以前の土地制度の変遷

1　帝政期――南北で異なる土地制度の導入

1-1　北部――ルスト-グルト制度

アムハラ州などエチオピア北部には、古くからルスト（*rist*）とグルト（*gult*）という二つの土地に関する権利があった。*1 ルストに基づく土地保有権とは、一定領域内で共通の祖先をもつとされる集団の中で割り当てられる土地保有権であり、グルトは、軍事奉仕に対する褒賞として、皇帝が臣下に与える特定の土地に対する徴税権である（Bahru 2002, 14; Pausewang 1983, 23-24）。土地を与えられた領主は、領地で徴税したのちに、その一部を皇帝に貢納することが義務付けられていた。

（1）　ルスト

ルストとは、一定領域内で共通の祖先をもつとされる集団である（Dunning 1970, 272-273; Hoben 1973, 6; Perham 1969, 286）。この領域内において土地を保有するためには、同じルストに所属する人々によって保有を承認されることが必要である。したがって、ルストに基づく土地保有権は、排他的な私的所有権というよりもルストの有する土地保有権とするのが妥当であろう（Hoben 1973, 153–159; Pausewang 1983, 22–23）。以下帝政後期に行われたルストに関する文化人類学的調査を紹介する。

ルストにおける土地相続の系譜は、本来双系出自（cognatic decent）であり、その土地の最初の入植者の子孫であれば、男女問わず個人がルストの権利を保有することができる（Dessalegn 1984, 17–18; Hoben 1973, 145–146）。そのため、父系や母系は対象者が明確であるのに比べて、双系出自は対象者が拡散しがちである。人々は、母方の系譜をたどったり、複数の系譜につらなったりすることで、より広い土地を獲得することをめざす。このような系譜によるルストの権利の主張と承認は、多くは男性である世帯主たちによって担われた（Hoben 1973, 43; Pankhurst 1992, 111）。したがって、女性が権利をもっていたとしても、その権利を主張するのはその夫である（Hoben 1973, 21–22）。

ただし、実際に夫が妻のもっているルストの権利を主張することは稀だったとされる。そのような主張は、貪欲な行為とみなされ、妻の兄弟たちとの利害関係の対立から、結婚自体の存続を困難にする可能性もあるからである。女性に限らず男性の場合でも、該当する土地から遠方に居住している場合はルストの権利を行使しないことが多かったという（Hoben 1973, 149）。妻または母がもつルストについて、その権利がどこまで認められたのか、そして行使されたのかについては明らかではない。ホーベンにおいても、「重大な必要がなければ」、夫が妻のルストの権利を主張することはためらうことが多いとする一方で、結婚にあたって妻のもつルストを重視するとしており、矛盾した記述となっている（Hoben 1973, 149, 152）。本来であれば主張しないものであるが、ホーベンの調査時期である帝政後期には土地不足の問題が深刻化しており、「重要な必要」に迫られ、妻のルストの権利についても主張するようになったと考えられる。

なお、アムハラの結婚の現在も続いている慣習として、夫と妻両方の実家から同等の持参財を用意するというものがある。帝政期では、持参財は主に家畜となるが、ホーベンの調査では、それに加えて双方が保有している、または保有を主張できるルストの権利も含まれていた（Hoben 1973, 149–150）。特に、夫婦間で子どもが生まれれば、その子どもの父として、夫は妻のもつルストによる土地保有権を主張することができる。なお、離婚した場合は、そのとき残っている持参財をもって帰ることになるが、ルストによる土地保有権も同様であると考えられる。

また、エチオピア正教会の教義では、さかのぼって六世代までに同じ祖先がいた場合は、その相手と結婚できないと定められているため、禁忌を犯すことを嫌って近隣の出身者との婚姻を避ける傾向にあった（Pankhurst 1992, 113）。特に同じルストに所属している場合は、六世代以内に共通の祖先がいる可能性が高く、結婚は好まれない（Hoben 1973, 151）。したがって、夫方居住婚であることも相まって、女性は自分の出身地からは離れた地域に嫁ぐ場合が多く、出身地のルストの権利を行使することは難しかったという。この点については、ホーベン（Hoben 1973）だけでなく、アムハラ州メンズにおいて調査を行ったパンクハーストも、男性と比較して女性がルストの権利を主張する場合が少なかったことを報告している（Pankhurst 1992, 25）。双系制とされるルストであるが、実際には女性自身が土地を保有する機会はほとんどなかったと考えられる。ただし、少なくとも女性もルストの権利を保有しているということがアムハラの社会で認識されていたことは、現在の土地制度を考えるにあたって留意する必要がある。

また、さかのぼって六世代以内に同じ祖先がいない相手としか結婚できないというエチオピア正教会による戒律は、アムハラの人々には深く根付いており、現在でもそれよりも近い者との結婚については禁忌となっている。女性が遠くから嫁いでくる理由の一つとして、この禁忌を確実に避けるためということが挙げられる。近隣の者と結婚する場合は、慎重に血縁関係を確認するという[*2]。農村地区だけでなく、J町に居住し、喫茶店で働いていた二〇代女性であっても、共通の祖先が六世代以内にいる者と結婚することはまったく考えられないと語っていた。

（2）グルト

グルトは、軍事奉仕に対する褒賞として、皇帝が臣下に与える特定の土地に対する徴税権である（Bahru 2002, 14; Pausewang 1983, 23-24）。グルトは、皇帝による勅許状[*3]の授与をもって公認されるが、皇帝への貢納を怠るとグルトは剥奪される。グルトは、北部だけでなく、エチオピア帝国が南部へと支配を拡大するにあたっても臣下に授与された。

皇帝によってグルトを与えられた領主は、その地域において農民から税金を徴収し、労役を課すことができた。領主が自分の家臣に対してさらにグルトの権利を与えることも多く、グルトの権利は何層にも重なっている場合もあった。たとえば、一九〇〇年代前半のアムハラ州のゴッジャムにおける徴税システムでは、政府と農民から税を直接徴税する貢納徴収者（*Chiqa-shum*）との間には、世襲でグルトを保有しているチーフ（*Gulta Gaji*）、郡担当官（*Mislane*）、県知事（*Abagaz*）がおり、四層にわたっていた。徴税額は、原則として農民が皇帝に生産物の一〇分の一を支払うことになっていたが、実際にはその間に存在する層が生産量の一〇分の一以上を農民から徴税し、一〇分の一未満の量を皇帝に納めることで利潤を確保していたという（Perham 1969, 288–289; Hoben 1973, 75–77）。

また、皇帝がグルト保持者の任免権をもつため、領主が更迭されることもあり、同じ領主が長期にわたってその領地を統治することを保証されていたわけではない（Pausewang 1983, 24）。そのため、任命された地域の農業生産性を上げようという意欲が領主には低く、収奪的な性格が強かったという指摘がある（Donham 2002, 14）[*4]。

なお、エチオピア北部に居住するアムハラは、多くの場合エチオピア正教会の信徒であり、エチオピア正教会は宗教上だけでなく、政治的な影響力も大きかった。聖書上の人物であるソロモンを祖先にもつとする皇帝は、教会に多くのグルトを与えてきた（Perham 1969, 284）。教会領に属する土地では、農民は国家ではなく教会に貢納する。これはサモン・グルト（*samon gult*）と呼ばれ、グルトの一種ではあるが、教会は皇帝に貢納する必要はなかった（Cohen and Weintraub 1975, 41–42）。五世紀末ごろには王が教会に土地を与えたという記録があり、その後一六世紀にもエチオピア正教会にグルトを与えていたという記録がある（Pankhurst 1966, 22–23; 石川 二〇〇九、七〇）。エチオピア正教会は、長い歴史の中で領地を拡大し、教会は皇帝に次ぐ土地所有者であった時代もある（Pankhurst 1961, 195）。帝国の三分の一が教会領であったという説もあるが（Pankhurst 1966, 26–28）、コーエンとワイントラウブは、国連食糧農業機関（ＦＡＯ）の統計から、一九七〇年の時点で教会領が耕地の約二〇％を占めていたと推測している（Cohen and

Weintraub 1975, 42-43）。

エチオピア北部の土地制度では、土地の権利がルストとグルトの二層構造になっていた。農村レベルでは、ルストとして祖先を同じくするグループによって各農民の土地保有権が決定されていたため、そこには国家は介入していなかった。その一方で、皇帝は、臣下にグルトを授与することを通して農民からの貢納を集めた。グルト制度は、西洋や日本の封建制度と比較され議論されることも多く、類似したシステムといえる（Donham 2002, 8-13; Gebru 1996, 57）。エチオピアの貢納制度では、農村での貢納徴収担当者から始まって、郡、州の各段階にいる仲介者によって差し引かれた残余が皇帝もしくは帝国政府に届くことになる。皇帝は中央政府の役人に対して、特定の土地に対してそこでグルトを行使する権利を与えることをもって給与とした。役人が現金を給与として受け取ることはほとんどなかったため、現金を得るために横領が頻発していたという（Perham 1969, 195-196）。

1-2　南部――ゲッバル制度

南部の土地制度は、一九世紀後半にメネリク二世が進めた征服によって大きく変化した（Donham 2002, 37）。メネリク二世は、南部征服を進めながら、遠征参加者にグルトを割り当てていった。対象者は総督、地区司令官、将校、兵士の全階級にわたり、階級の上下に応じて与えられるグルトの面積が異なっていた。彼らは、要塞化された町（*ketema*）に居住し、割り当てられた土地に住む農民（ゲッバル、*Gebbar*）から税金を徴収する権利として皇帝からグルトを与えられた（Perham 1969, 296）。兵士に対しても給料は支払わず、赴任地の土地に対するグルトを与えて、食料や労働については自らで賄わせる仕組みになっていた（Perham 1969, 195-196）。南部では、グルトに基づいた土地制度を援用して給与をグルトで代替させて、政治的、軍事的な安定を図っていたのである。

南部における領主の多くが、農民とは異なる民族であり、社会的・文化的・言語的にも共通点はほとんどない。*5 そのため、南部の土地制度は北部と比較してより収奪的な性格をもちやすかった。このような支配体制の違いの結果、北部の土地制度で使われている土地に関する用語が、南部においてニュアンスの異なる意味をもつ場合もある。たとえば南部の農民を示すのに使われるゲッバルとは、本来アムハラ語で「税金を支払う農民」という意味であり、南部にのみ使われるわけではない（Crewett and Korf 2008, 10）。しかし、この言葉は、収奪的な性格の強い南部の土地制度下の農民を特に指すことが多い（Kane 1990, Pausewang 1983, 48）。そのため、南部の農民とグルト所有者との関係を特にゲッバル制度とよんだ。第二次世界大戦後の土地制度に関するエチオピア政府の議論では、ゲッバル制度は農奴制と同義で使われていることが多い[*6]（Donham 2002, 41; Perham 1969, 355）。

北部と南部では、同じグルトであっても農民への収奪の度合いが異なっていた。その違いには、グルトをもつ支配側と農民が同じ民族であるかどうかが大きな意味をもつ。北部では、支配側も農民も同じ民族で、さらにはグルトを賦与された地域出身であることも多く、過度な貢納を求めることはその社会的関係性からも難しい。一方、南部は、北部民族による征服という歴史的経緯もあり、支配側は現地の農民とは異なる民族であることが多く、その場合、言語など文化的背景に共通項がほとんどない。そのため、農民の状況を斟酌することなく、収奪の度合いが高くなる傾向があったため、北部と区別してゲッバル制度と呼ばれたのである。

1-3　帝政後期のグルトの廃止

イタリア占領から解放された一九四一年以降、ハイレ・セラシエ一世は、地方領主を弱体化させ、より強固な中央集権体制の構築をめざした。その政策の一つが、一九六六年のグルトの廃止である。各農民が領主や南部の支配者階級を経由せずに直接税金を政府に納めることになったのである[*7]（Hoben 1973, 204; Pausewang 1983, 47; Perham 1969, 355 Zemelak 2011, 138）。

しかし、グルト制度が廃止へと向かう中で、これまでグルト制度によって利益を享受してきた層は対抗手段を講じている。ルストを基盤としたコミュニティによる土地管理が広く行われていた北部では、外部の人間が土地利用者に無断で土地保有権を変更したとしても、土地の接収は困難であったが、南部の場合は、貢納を徴収していた側が自らを該当する土地の納税者として書類上登録し、土地を確保することが可能であった（Cohen and Weintraub 1975, 79–80）。納税者としての登録手続きを該当する土地で耕作している農民に知らせずに行い、結果として農民が土地保有権を失って小作人となった事例も報告されている。その結果、特に南部で不在地主が増加することとなった（Cohen and Weintraub 1975, 40; Dessalegn 1984, 26–27; Gilkes 1975, 120）。直接不在地主を説明する統計ではないが、ギルケスが引用している当時の土地改革行政省（Ministry of Land Reform and Administration）による統計データ[*8]で、北部と比較して南部の方が借地を耕作している農民の割合が高くなっており、南部における地主の割合の高さを間接的に示している（Gilkes 1975, 116）。

また、グルトを所持していた者が徴税を請け負って、従来のグルトによる貢納を自分の収入のために保持したままさらに徴税を行う場合も多かったという。そのため、農民レベルでは負担が軽減されることはなかった（Gilkes 1975, 116–118; Pausewang 1983, 47; Teshale 1995, 151）。

エチオピア帝国政府は、従来の貢納制度から近代的な行政組織による徴税制度の確立をめざし、その一環としてグルトの廃止があった。この廃止については、国内外で批判の高まっていたグルトに基づく恣意的な徴税制度から農民を解放し、農業生産を向上させるという目的も掲げられていた（Bahru 2002, 195; Cohen and Weintraub 1975, 80–81; Levine 2000, 80; Pausewang 1983, 44）。

しかし、これまで既得権益を享受してきた層は、このような改革に対抗措置を講じた。また、帝国政府もグルトを廃止した一方で、政治的支持を得るために皇帝の所有地の使用権を官僚や兵士らに授与することで、多くの不在地主と小作人を新たに生み出すことになったのである。

農民にとっても、これまでの徴税制度に対する十分な改善がみられないことから反発も強く、政府が予測した税収よりも大幅に下回る徴税しかできなかった。たとえば、現在アムハラ州に含まれているゴッジャム地方の一九六八年の税収に関する報告があるが、その報告では、予定された税収に対して実際には一四％しか徴収できていなかった（Gebru 1996, 169, 178）。

このような国家の機能不全は、一九七三年の石油ショックや度重なる飢饉などと相まって、深刻化していった。学生や労働組合などを中心とした都市部の人々とともに、給与制に代わってから遅配が続くことに不満を募らせていた兵士たちによって、一九七四年に革命が起きたのである（Teferra 1997, 92）。

2　デルグ政権期（一九七四〜一九九一年）――土地再分配と国家統制経済の試み

一九七四年の革命によって政権についたデルグ政権は、科学的社会主義を標榜し、帝政期とはまったく異なる政策を打ち出した。土地に関する政策としてもっとも重要なものは、農民の地主からの解放を目指した土地再分配である。その次に挙げられるのが、土地不足ゆえに食料不足に苦しむ人々を、比較的土地に余裕のある地域への移住を促す再定住政策であり、共産主義に基づいた共同生産をめざす集村化である。

2-1　土地再分配

二〇世紀初頭から、土地問題は知識人の間で重要な国家問題として取り上げられてきた。一九六五年の大学生のデモ行進時のスローガンも「土地を耕作者に（*Meret le Arrashu*）」であった[*9]（Bahru 2002, 241; Pausewang 1990, 44）。革命以前にも土地改革の試みや議論はあったが、デルグが一九七五年に出した「農村部の土地の公的所有に関する布告No.31/1975（Public Ownership of Rural Lands Proclamation No.31/1975、以下一九七五年土地法）」は、それまでの主張と比較してもはるかに急進的な政策だった（Bahru 2002, 242）。

一九七五年土地法によって、土地は国有化されるとともに、小作制度は廃止され、農民に土地が分配された[*10]。ただし、土地は国有であり、法律上は私的所有権の分配ではなく、保有権の分配である。この法律の主な特徴としては、①個人、団体の私的所有の禁止、②土地の売却、貸借、担保による土地委譲の非合法化、③農業従事希望者への土地分与、④小作廃止、⑤土地再分配のための農民組合（Peasant Association）の設立などが挙げられる（Brüne 1990, 20）。特に、農民組合については、土地再分配を行うだけでなく、帝政期の行政組織を代替する役割を担うことを期待されていた*[11]（Marcus 1994, 192）。農民の政治的な動員や、流通を管理する農業流通公社と農民の仲介など、農民と国家をつなぐ役割を担ったのである（Dessalegn 1984, 75-76）。このような新しい制度の導入によって、グルトはもとより帝政期に北部で広く実践されていたルストに基づいた土地保有権の主張は法律上はできなくなった（Pausewang 1983, 112）。

農民組合とは別に、土地再分配のプロセスの一環としてサービス協同組合（Service Cooeprative）も設立された。その役割は、組合員に基本的なサービスを提供するものであり、農業関連の購買、金融サービスを提供した。政府主導で結成されたもので、農民の十分な参加はなく、赤字経営である場合が多かったが、雇用創出の効果もあり、小売りや金融の役割も果たしていたため活動自体は農民に歓迎された。一九九〇年には八〇〇〇のサービス協同組合があった（Dessalegn 1994b, 252-253）。

政府による土地再分配に対する農民の反応は、地域によって土地制度が異なっていたために一様ではなかった。帝政期に厳しい徴税制度があった南部では土地再分配政策は歓迎された。一方北部では、国家に対して納税義務はあったものの、コミュニティによって土地を管理してきたため、政府による土地の管理には抵抗があったといわれる（Pausewang 1990, 45）。

実際の土地再分配では、すべての農民に平等に土地を分配することは難しかった。一九七五年土地法では、一〇ヘクタール以上の土地の保有を禁止したため、土地分配の対象は、この一〇ヘクタール以上の土地に限定された。また、土地分配が各村落で結成された農民組合に委ねられたものの、ほとんどの農民は一〇ヘクタール以下の土地しか保有しておらず、実際に再分配された土地はわずかだったという報告もある（Pausewang 1990, 45）。

一九七五年土地法第四条一項では、「性別による違いはなく、個人的に土地を耕作したい者は、自らとその家族を維持するのに十分な土地を割り当てるものとする」と定めている。ただし、続く第四条三項、四項では、「農家世帯（farming families）に土地を割り当てる」と明記されているように、世帯単位での土地分配である。実際の土地再分配では、農民組合が世帯員一人当たりの面積を決定し、子どもを含めた世帯人数分を乗じた面積を世帯毎に割り当てて、世帯主の名前を登録した（Teferi 1998, 57; Zenabaworke 2003, 81）。農民組合には個人単位での加入ではなく世帯主が世帯を代表する形で加入するため、寡婦以外の女性が自分自身の土地保有権を得ることはできなかった。夫方居住婚の慣習のために、嫁ぎ先には妻側の人間はおらず、離婚した場合は、妻は夫よりも社会的に不利な状況に置かれる。農民組合についても、夫側との関係性の方が妻よりも強いため、離婚女性を組合員とはみなさず、離婚女性に土地を新たに割り当てることはほとんどなかった（Dessalegn 1984, 49; Teferi 1994, 109–111; Zenabaworke 2003, 81）。

なお、一九八七年に、デルグ政権が民主化の名のもとにエチオピア人民民主共和国を樹立した後も、国家が土地を所有していることに変わりはなかった。*12 エチオピア人民民主共和国の憲法第八九条五項において、「政府は、人民のために、土地と天然資源を保有し、公益と開発のためにそれらを活用する」と定められているように、土地は国家に属すると定められている。

なお、土地の細分化を防ぐために、土地再分配はデルグ政権崩壊直前の一九八九年に公式に禁止された。*13 その一方で、一九九〇年三月の制度改革の一環として、土地の売買以外の分益小作や法的相続人への土地保有権の移転、雇用労働が認められるようになった（Gudeta 2009, 27–28）。しかし、これらの制度改革の成果が確認される前に、デルグ政権は翌年の一九九一年にＥＰＲＤＦによって打倒された。

2-2　再定住政策と集村化

本項でとりあげる再定住政策と集村化政策は、調査地には直接関係しないが、デルグ政権の性格を如実に示している。この二つの政策は、前項でとりあげた土地再分配とは異なり、国家が人々を動かすというものである。人々の自由な選択は認めず、国家が土地や人々をコントロールすることを目指している。人々の生活水準の向上という大義名分のもとに行われているものの、強権的な手法によって行われており、そこには人々の選択の自由はない。

（1）再定住政策

デルグ政権が行った再定住政策は、人口稠密で飢饉多発地域であるエチオピア北部の住民を主たる対象とし、移住によって人々が新たに土地の使用権を得て、十分な食料を確保することを目的とする。再定住政策は、帝政期の一九六〇年代後半にはすでに計画されていたが、費用の問題でほとんど実行に移されなかった（Cohen and Weintraub 1975, 81）。帝政期の再定住政策のもとでは、八〇〇万ドルの費用をかけたものの一万世帯が移住するにとどまっていた（Pankhurst 1990, 121; Piguet and Pankhurst 2009, 9）。

しかし、デルグ政権になると、大規模な再定住政策が行われるようになった。その背景には、上述の一九七五年土地法によって土地を国有化し、大規模な土地保有者を排除したことで、国家が人々に土地を割り当てることが容易になったことと、頻発する干ばつに緊急に対応する必要性が高まったことなどが挙げられる。大規模な干ばつのあった一九八四年から一九八九年にかけては、緊急事態としてさらに大規模な再定住政策が行われ、二年間で一五〇万人の人々が干ばつ地域から南西部へと移住した（Pankhurst 1990, 121-122）。この再定住計画は過度に性急であり、ずさんな計画の結果失敗に終わったと批判されている（Pankhurst 1990, 122; 石原 二〇〇六、二〇〇九—二〇一〇）。

（2） 集村化政策

集村化とは、散村で営まれている伝統的農業から脱却して、一か所に集まって居住することで、効率的な資源利用を行うことを目的とする開発プログラムである。元々は、一九七七年に隣国ソマリアからの侵略を受けたエチオピア南東部のバレ地方において、治安を確保するとともに、公共サービスを効率的に提供するために始まったものである（Alemayehu 1990, 228; Keller 1994, 227）。

集村化は、一九八五年より、農村開発戦略の一環として、南部および再定住地域を中心に本格的に進められた（Keller 1988, 228）。平均五〇〇世帯からなる村の建設をめざし、最終的にエチオピアの農村人口の四〇%が集村化を経験したとされる（Alemayehu 1990, 135; Pankhurst 1992, 53）。特に南部では、このような集村化とともに土地再分配が行われた地域も多かったと考えられる（松村 二〇〇八、二二五）。

再定住政策と集村化において大きな役割を担ったのが、農村組合やサービス協同組合に加えて設立された生産者協同組合（producer cooperative）である。一九七九年に始まった生産者協同組合は、人口過密地から過疎地へと人々を移住させる再定住計画と合わせて設立される場合が多かった（Dessalegn 1994b, 251-252）。政府は協同組合が、三つの段階を経てソビエト連邦のコルホーズに類似した完全な生産協同組合に到達することを目指した（Dessalegn 1990, 102）。まず、第一段階のマルバ（*malba*）では、所属組合員は土地を共同利用するが、家畜や農機具は個人が所有するというものである。第二段階のウェルバ（*welba*）では、組合員はすべての農業資源を共有して農業活動を行う。なお、第二段階までは、共同利用する土地以外に〇・二五～〇・五ヘクタールの個人の農地所有を認められていた。第三段階では、二～三のウェルバを統合した協同組合となり、組合員はすべてのものを共同利用する。これで集村化の完成となる。ただし、実際には計画通りには進まず、生産者協同組合が共同利用していた農地は、耕地面積全体の七%以下にとどまっていた（Dessalegn 1994b, 251）。

集村化に関しては、従来のコミュニティを破壊し、新たな地域での家の建設などへの労力と時間の消費によって農業生産にも悪影響を及ぼし、経済的には農民に利益をもたらすことができなかったという意見が多い（Alemayehu 1990, 142; Keller 1988, 229; Pankhurst 1992, 53）。集村化には、国家による農民の管理や反政府勢力からの隔離を容易にするという政治的な意図も指摘されている（Keller 1988, 229）。

一九九〇年にデルグ政権は混合経済政策を導入し、農民の生産活動に対しても自由化を進めようとした。生産者協同組合は、政府による強制的な設立によるものであるため農民には歓迎されておらず、一九九〇年に政府が社会主義と資本主義の混合経済導入を決定し、生産者協同組合の組合員に選択の自由が与えられると、短期間で九五％以上の生産者協同組合が解散した（Alemayehu 1992, 82）。サービス協同組合も、穀物流通の自由化によって購入割り当てが廃止されると活動はただちに休止し、一九九一年の政権混乱の中で、多くの資産が破壊され、略奪されることとなった（Alemayehu 1992, 82; Bezabih 2009, 5–6; Dessalegn 1994b, 256–265）。

人々の移動を伴っていた集村化プログラムについても、元の居住地に戻るには時間がかかるため、緩慢ではあったが徐々に解体していった。この政策が導入されて六カ月後には、半数以上の村民が転出していったと推測されている地域もある（Dessalegn 1994b, 262–263）。また、オロミヤ州の集村化された地域では、土地取引が急増して、元々の住民は転出してしまった場合も多いという報告もある（松村 二〇〇八、二一五）。

2–3　中央集権化と土地をめぐる権力関係

デルグ政権は、土地再分配を行うことによって大土地保有者やグルトを下敷きとした徴税制度を排除し、より平等な土地保有をもたらす土地制度をめざした。一方で、帝政期の行政機構を代替する役割を担わせるために農民組合を設立し、権力が国家に集中する制度を構築した。

既存の権力関係を破壊する革命を経由して成立したデルグ政権は、貢納や徴税ではなく、農産物価格や流通の統制による新たな国家財政の基盤を求めたが、それは農民にとっては新たな搾取の制度に過ぎなかった。農産物の生産者価格は、都市部住民に安価な食料価格を提供するために、低く設定された。その流通も農業流通公社（Agricultural Marketing Corporation: AMC）によって統制されることによって、農業生産が生み出した余剰は、農業生産の向上ではなく、製造業などほかのセクターへの投資に回された（Eshetu 1990; Kuma and Mekonnen 1995, 206; Teshome 1994）。

甚大な被害をもたらした一九八四〜一九八五年の大飢饉の要因の一つが、不適切な農業政策であるといわれている（Yeraswork 2009, 811）。天候不順による大規模な干ばつ被害が飢饉の原因の第一に挙げられるが、不適切な政策による長期的な農業生産能力の低下、反政府勢力が活動していた地域に対する政府の農業生産妨害、政府が援助物資を適切に使わず軍事用に転用といった人為的な要因も指摘されている（Clay and Holcomb 1986, 42-45）。

このような国家による統制経済に対して、農民は唯々諾々と従ったわけではない。実際には国家が農民の生産活動をすべて統制できていたわけではない。一九八〇／八一年度では、農産物（穀物および豆類・油用種子）の生産量に対して農業流通公社が購入できたのはわずか二〇〜二五％に過ぎず、残りは民間商人が買い上げていた。また、政府の購入量では、都市部の食料需要を満たすことができず、国家が民間商人からも穀物を買い上げていた（World Bank 1981, 16-17）。主な外貨獲得源であったコーヒーも、国内での私的な売買は違法であったにもかかわらず、一九八六年の段階で首都アディスアベバの闇市場で輸出価格の二倍の高値で売られていたという。

他のアフリカ諸国が構造調整政策を受け入れていく中で、エチオピアも一九八〇年代末に若干経済自由化の方向への修正を試みていた。しかし、一九九一年、エチオピアからの独立をめざすエリトリア人民解放戦線と、民族自決を旗印にしたＴＰＬＦを中心に反政府勢力が糾合したＥＰＲＤＦによって、デルグ政権は武力によって打倒された。

注

＊1　ルストの起源は明らかではないが、グルトの存在は一六世紀の文書で言及されている（石川 二〇〇九、七〇）。

＊2　二〇一九年八月アムハラ州南ゴンダール県西部に位置するフォゲラ郡における農民への筆者聞き取りより。

＊3　勅許状（Charter）については、アングロ・サクソン期のイングランドの勅許状との類似が指摘されているが、その一方で、ローマ法における土地委譲に関する私的証書を起源とする説もある。後者については、エジプトのアレクサンドリアやトルコのアンティオキアからの僧侶によってもたらされたのではないかと推測されている（Huntingford 1965, 16）。
＊4　ただし、グルトの権利の中には、皇帝によって相続を認められた永続的なものもある（ルステ・グルト、*riste-gult*）。皇帝側は、自らの権力が弱体化することを恐れて、この権利を与えることに消極的であったが、有力な一族には与えざるを得なかったとされる（Pausewang 1990, 24）。
＊5　ただし、すべての地域がゲッバル制度を受け入れたわけではない。それまでの支配体制や経済活動によって異なる形をとった地域がある。元々王国などによって統治された地域で帝国に貢納によってある程度の独立を保っている地域や、捕捉困難な牧畜民が多く居住する南部低地地域ではゲッバル制度は導入されていない（Donham 2002, 37-44）。
＊6　ただし、ゲッバル制度は、領主と農民との間の権力関係において前者がひじょうに強力であったとはいえ、領主に従属するものではなく、ヨーロッパにおける領主－農奴の関係とは若干性質が異なっている（Donham 2002, 40; Gilkes 1975, 121-122）。ドナムが指摘しているように、エチオピア帝政期の領主は特定の土地への徴税権をグルトとして与えられているが、その土地を耕作する農民は必ずしも土地に紐づいているわけではない（Donham 2002, 40）。元々そこに居住していた農民がその土地を離れてほかの領主の地域へと移動してしまえば、強制的に元の土地に戻されることはない。領主は代わりの農民にその土地を割り当てて、その農民から貢納を求めた。
＊7　ただし、教会のグルト権は保持されたままで免税特権を享受していた（Bahru 2002, 193）。
＊8　一九六九～一九七一年の間に出版され、各州の調査報告書を参照している（Lockot 1998）。
＊9　第二次世界大戦後、大学生による政治運動が活発化した。その背景には、国外でのさまざまな抵抗運動による影響もあった。特にアメリカにおけるアフリカ系アメリカ人の公民権運動や、キューバ革命、ベトナム戦争に対する平和運動などの影響が挙げられる（Bahru 2010, 35-39）。
＊10　エチオピア正教会が保有していた土地についても、すべて国有化された（Mulatu 1993, 167）。
＊11　農民組合設立と同時に、都市部の高校生、大学生そして大学スタッフらが農村部に自発的に赴いて、土地改革や農民組合設立

などの活動を支援した。この活動は、ゼメチャ（*zamacha* アムハラ語でキャンペーンの意）と呼ばれた（Bahru 2002, 240-241; Dessalegn 1984, 41; Marcus 1994, 192; Pausewang 1983）。一九七五〜一九七六年の間に四万五〇〇〇人が農村に送られたといわれる（小倉 一九八九、三八）。

＊12　一九八七年に国民投票によって憲法を批准してエチオピア人民民主共和国（People's Democratic Republic of Ethiopia: PDRE）が成立した時点でPMACは廃止された。しかし、PMAC議長のメンギストゥ・ハイレ・マリアム（Mengistu Haile Maliam）が引き続き大統領となるなど大きな権力構造の変化はなかった。PDREは、一九九〇年に統制経済と自由経済との混合経済宣言を出して経済自由化に着手したが、その効果が表れる前に一九九一年にEPRDFによって打倒された。

＊13　ただし一九八九年以降も二回土地再分配は行われている。内戦による避難民のための土地分配と、土地不足が深刻化しているアムハラ州での土地再分配である（Gudeta 2009, 28）。

第5章　土地再分配と女性の土地保有権

1　デルグからＥＰＲＤＦへの政権交代と土地制度

一九九一年にデルグ政権を倒したＥＰＲＤＦは、一九九五年に憲法を制定し、エチオピア連邦民主共和国（Federal Democratic Republic of Ethiopia: FDRE）を樹立した。エチオピア北部に多くが居住するティグライ主体のＴＰＬＦがＥＰＲＤＦ政権の中枢を担っていたが、ＥＰＲＤＦはエスニック・グループ単位で結成された複数の党の連合政権でもある。

中央集権制であったこれまでの政権と比較すると、ＥＰＲＤＦ政権は大幅な地方分権化を進めている。現在のエチオピアの行政区分は、上から、中央政府（federal state）－州（region）－県（zone）－郡（*woreda*）－村落地区（*qebele*）という構成になっているが、特に郡レベルに大きな権限が委譲されている。

ＥＰＲＤＦ政権は経済自由化を進めており、デルグ政権時代の農産物の価格・流通の統制は廃止された。土地制度についても、引き続き国家の所有となっているが、土地の貸借や保有権の譲渡が可能となり、自由化が進んでいる。また、土地登記によって農地の保有権者を確定する作業もほぼ完了している。ローカルな土地問題については、村レベルでの解決が求められるが、不服であれば裁判所に上訴することもできる。

ＥＰＲＤＦ政権の土地政策は、帝政やデルグ政権とは大きく方針が異なっている。地代徴収が富の源泉であった帝政期や、農産物流通の統制によって歳入を確保しようとしたデルグ政権期とは異なり、農民に自由な経済活動の機会を提供することで経済成長を目指している。

ただし、農村部における土地政策は、前政権と比較して法的枠組において根本的な違いはなく、「土地行政については、二つの政権の間では相違点よりも類似点のほうが多い」（EEA/EEPRI 2002, 27）という指摘もある。現在のＥＰＲＤＦ政権の土地政策は、全国的に土地登記を行うとともに、農民の土地保有権を保護する方向へと進んでいるが、最終的な土地所有権はあくまで国家にある。

2　エチオピア北部における土地再分配

エチオピア北部のティグライ州とアムハラ州は、政権に就く以前から、ＥＰＲＤＦが勢力を拡大するのとともに土地再分配を行った点で、他地域とは異なっている。[*1] 土地再分配による土地の広さは地域毎に異なっているが、基本的に成人男女に同じ面積の土地を割り当てるというものである。

ＥＰＲＤＦの権力の中枢にいたＴＰＬＦが反政府運動を開始したのはエチオピア北部のティグライ地方であり、首都アディスアベバへと攻め上がるとともに占領した土地で土地再分配を行っていた。その過程で他地域の反政府グループを糾合していき、一九八八年五月にＥＰＲＤＦを結成した。したがって、一九九六年に土地再分配法[*2]が施行されるまでは、非公式な形で土地再分配が行われていたことになる（Ege 2002; Teferi 1998）。

しかし、一九九六年の法律に基づく土地再分配については、対象地域の農民側の抵抗が大きく、アムハラ州の農民がアディスアベバで再分配反対のデモンストレーションを行ったりもした（Human Rights Watch 1997, 202; Young 1997）。そのため、一九九七年以降アムハラ州では土地再分配は行われておらず（SARDP 2010）、アムハラ州のすべての地域で土地再分配が行われたわけではない。

この政策を批判的に検討した論文として、エーゲ（Ege 2002）がある。エーゲは、一九九六年の土地再分配法がアムハラ州で施行されたのち、実際にどのように土地再分配がなされたのかを調査している（Ege 2002）。エーゲは、土地再分配にあたって、政権寄りの人々に有利になる恣意的な土地分配を行った結果、農民の土地保有権を不安定にしたと指摘している。テフェリは、一九七四～一九九三年の間のアムハラ州東部にあるウォロ州での土地再分配による影響を調査しており、その中で一九九〇年に行われたＥＰＲＤＦによる土地再分配についても言及している（Teferi 1998）。テフェリは、エーゲ（Ege 2002）と同じくＥＰＲＤＦ側の人間と認知された人々が土地を有利に獲得していたことを指摘している（Teferi 1998, 64）。

イグレメウは、アムハラ州南西部の西ゴジャム県において一九九六／九七年に行われた土地再分配の影響を、女性世帯主に注目して分析を行っている（Yigremew 2001）。イグレメウの調査では、土地再分配自体は世帯主の性別に関係なく平等に行われていたが、耕作を行うための労働力不足や土地保有権の侵害によって女性世帯主は再分配以降に土地を失っていた。その理由として、まず、男性の仕事とされる牛耕など、耕作において男性労働力が重要となるために、女性は土地を男性に貸さなければならないことが挙げられる。それに加えて、男性の方がさまざまな人的ネットワークがあるために、土地の権利関係に関する問題が起きても、男性に有利な形で決着することが多かったと報告されている。

なお、エチオピアの他の州では、先んじて行われたティグライ州以外はアムハラ州で行われたような土地再分配は確認されていない。アムハラ州における土地再分配政策について、ＥＰＲＤＦ政権は肯定的に評価している。二〇〇二～二〇〇七年の五カ年計画である「持続的開発と貧困削減計画（ＳＤＰＲＰ）」では、土地分配は平等主義的なものであり、農村の貧困削減に効果があったとしている（MoFED 2002, 18）。

3　調査地における土地再分配による土地保有権の変化

本節では、アムハラ州で行われたＥＰＲＤＦによる土地再分配が、どのように調査地において受け入れられたのかを検討する。アムハラ州における最初のＥＰＲＤＦによる土地政策は土地再分配となる。ＴＰＬＦが主導するＥＰＲＤＦはエチオピア北部から首都アディスアベバへと南下していき、一九九一年デルグ政権を打倒したが、その経路にあたるアムハラ州では、ＥＰＲＤＦが占領した地域で順次土地再分配が行われた。ＥＰＲＤＦが首都で前政権を倒す一九九一年五月直前の三月には、調査地のある当時のゴンダール地方もＥＰＲＤＦに占領されていた（Young 1997, 168）。したがって、調査地もＥＰＲＤＦが政権に就く前にすでにＥＰＲＤＦの支配下にあったと考えられる。調査地では、ＥＰＲＤＦが一九九一年五月に政権を握る前後の時期に土地再配分が行われていることが聞き取りから明らかになった。筆者の聞き取り調査では、調査地での土地再分配は、エチオピア暦の一九八三年（一九九〇年九月一一日～一九九一年九月一〇日）であったという回答を多く得ている。

この土地再分配は、土地保有権がこれまでの世帯単位から個人単位へと方向転換をする大きな制度変更をもたらした。ラヴァーズ（Lavers 2017）が指摘しているように、この土地再分配の実施は、その後に続く土地管理制度の実効性と大きな関係をもつ。土地再分配の大きな特徴の一つは、夫婦の場合にも妻である女性に土地保有権を認めたことにある。

本節では、調査地においてＥＰＲＤＦが勢力を拡大する過程で強制的に執行された土地再分配が、既存の土地制度にどのような影響をもたらしたのかを、先行研究を参照しながら検討する。調査地で一九九一年前後に行われた土地再分配の概要を把握したのち、土地再分配によって土地保有権がどのように変化したのかをインタビューの結果を通して考察する。この土地再分配のもつ特徴を踏まえて、本節では特に調査地におけるジェンダー関係に注目しながら分析を進める。なお、本節で使用したデータは、一九九九年四月に行ったJ村落地区内にあるG村での短期滞在訪問調査と、二〇〇三年七月に行ったG村とQ村での追加調査の結果である。

3-1　EPRDFによる土地再分配の概要

アムハラ州は慢性的に土地不足に苦しんでいる地域であり、J村落地区も例外ではない。デルグ政権期の一九七〇年代後半には主に大土地所有者の土地が村で再分配された。この再分配については、大土地所有者を中心に抵抗する動きもあった。当時大土地所有者でもあったG村に居住する長老[*3]によると、このとき、複数の大土地所有者側は抗議のために首都に向かったが、そのまま誰も戻ってこず、土地再分配は実施されたという。デルグ時代の土地再分配がどこまで厳密に行われたかについては不明である。ただし、J村落地区チェアマンによると、EPRDFによる土地再分配の方がはるかに徹底的な形で施行されたという。

EPRDFによる土地再分配の特徴は、分配の単位が家族の総人数を勘案したものではなく、世帯内の成人に対して割り当てた点である。デルグ政権期の土地再分配では、子どもを含めた家族の人数に基づいた世帯単位の分配であった。この違いは、人口の増加に伴う土地不足の深刻化によって、子どもの分まで割り当てることができなかったためと考えられる。

土地再分配は、アムハラ州の各地で行われたが、土地の割当面積は、人口規模や対象地域の可耕面積の多寡により地域で異なる（Ege 2002, 183; Mekonnen Lulie 1999; Teferi 1994, 64; Yigremew 2001, 18–19; Young 1997, 183）。調査地域のG村とQ村の土地割り当て面積は、成人一人当たり〇・五ヘクタール[*4]であった。したがって、夫婦であれば一ヘクタール、成人単身者には〇・五ヘクタールが分配される。夫婦の場合は、夫と妻それぞれに特定の土地が分配されるのではなく、それぞれが〇・五ヘクタールの土地保有権があるということを前提に一ヘクタールが夫婦の共同保有として分配された。したがって離婚時には、共同の土地保有権をどのように分割するかを協議することになる。なお、調査地の土地再分配時の成人の定義は明らかではないが、テフェリによるアムハラ州ウォロでの調査では、土地再分配の際には、二四歳以上の男性、一八歳以上の女性はすべて成人として扱い、土地を分配したことが報告されている（Teferi 1998, 64）。ただし、J村落地区での調査では独身の成人女性が土地分配の対象となったのかについては判明しなかった。J村落地区で該当者が判明しなかった理由としては、後述するように土地再分配にあたって結婚が急増したため、独身女性のまま土地を獲得するのではなく、土地獲得の機会と同時に結婚した女性も多くいたためとも考えられる。

表5-1に示すように、一九九一年の土地再分配から八年後になる一九九九年にG村で調査した六七世帯の土地保有面積の内訳でもっとも多いのが、三九世帯（五八％）が保有している一ヘクタールである。次に多いのが土地を保有していない一三世帯（一九％）、〇・五ヘクタール保有している八世帯（一二％）と続く。

まず、土地保有者の詳細を確認する。一九九一年時の婚姻状況は不明であるため、一九九九年の婚姻状況を示すが、土地を保有している三九世帯のうち三七世帯は既婚者の世帯であり、夫の平均年齢は五〇・五歳[*5]、妻の平均年齢四一・一歳である。残る二世帯は、九一歳の寡夫および六〇歳の寡婦の二世帯であり、農地を貸し出している。年齢から、一ヘクタール保有している世帯は、一九九一年の段階で土地分配によって土地を取得したと考えられる。

〇・五ヘクタールを保有している八世帯のうち、六世帯は既婚者の世帯で夫婦ともに調査地に居住し農業を営んでいる。残る二世帯は六六歳寡婦と、夫（年齢不明）がエチオピア南西部へと長期の出稼ぎで不在の三三歳女性の世帯で、どちらも土地を貸し出している。〇・五ヘクタールを保有した経緯については八世帯すべてからは確認できなかったが、少なくともこのうち三世帯は、土地再分配時に土地を獲得したことは確認している。既婚者の六世帯のうち、夫八五歳／妻六〇歳、夫不明／妻六〇歳の高齢者の二世帯は夫婦ともに一九九一年

表5-1　J村落地区G村の土地保有面積別にみた世帯数の分布（1999年）

土地保有面積（ha）	世帯数	（%）
0	13	（19.4）
0.375	1	（1.5）
0.5	8	（11.9）
0.75	2	（3.0）
1.0	39	（58.2）
NA	4	（6.0）
合計	67	（100）

出所：筆者作成。

の土地再分配対象者であったと考えられるが、一ヘクタールではなく、〇・五ヘクタールの土地保有面積となっている。子どもへと贈与したか、賃貸している土地を保有地として計上しなかった可能性がある。残る既婚者の四世帯については、夫二五～四〇歳、妻二〇～三〇歳[*6]の比較的若い年齢層となり、土地再分配当時には妻がしていなかったか、まだ結婚していなかったために、成人二人分の土地である一ヘクタールを確保できなかったと考えられる。

一方、土地を保有していない一三世帯については、一二世帯が既婚者の世帯で、一世帯は未婚男性一人である。平均年齢は夫二七・五歳（未婚男性は二五歳）、妻一九・五歳[*7]であり、土地を一ヘクタール保有している世帯と比較すると、平均年齢が若い。この一三世帯のうち、農業経営を維持できているのは、夫の父親の土地を耕作している五世帯と借地を耕作している五世帯である。二世帯は日雇いで近隣の農家に雇用されており、農業経営以外の就労となる。また、残りの土地を保有していない一世帯は夫がエチオピア南西部に長期出稼ぎにいっている。

G村、Q村では、より多くの土地を獲得するために、土地分配直前の結婚が急増したという。ただし、Q村の村長によると、EPRDFによる土地再分配は、デルグ時代の土地再分配よりも徹底したものであり、地域の土地面積は限られていたことから土地の割り当てに際しての審査は厳格であった。左記の一九九九年に行ったインタビューで示すように、女性も成人年齢に達していないと土地を獲得することはできなかった[*8]（事例五－一）。ただし、例外もあり、妻の年齢が成人年齢に達していなくとも、子どもがいた場合は夫婦として土地を獲得している事例もある（事例五－二）。

〈事例五－一〉　夫三四歳、妻二三歳。土地再分配時に土地を獲得するために慌てて結婚したものの、結婚した妻は当時一八歳に達していなかったため、当時二二歳だった夫のみが成人として土地を割り当てられた（〇・五ヘクタール）。それ以降土地は増えていない（Q村、2003Q6）。

〈事例五－二〉　夫三八歳、妻二五歳。土地再分配時に妻は未成年だったが、すでに婚姻関係も長く、子どももいたので、一ヘクタールの割当をうけることができた。それ以降土地は増えていない（Q村、2003Q8）。

これら二つの事例でも明らかなように、土地再分配後に成人になった場合や結婚した場合は、土地を割り当てられていない。調査地で再配分が行われたのは一度のみで、それ以降政府による大規模な土地再分配は行われていない。新たに土地を獲得するためには、相続か二〇〇六年州土地法で定められた離村者の土地保有権の喪失や耕作放棄によって保有者が不在となった土地の保有権再割当によってしか機会がない。

現状では、結婚しても父の世帯から完全に独立せずに共同耕作の形をとったり、自ら耕作のできない高齢者や女性世帯主から土地を借りて小作農となるしか方法がない。また、将来的に親から土地を譲り受ける場合は、兄弟姉妹（以下、キョウダイとする）で分割相続することでさらに農地は細分化される。一九九一年の土地再分配では、夫婦世帯に対しては生存維持のために必要とされる一ヘクタールを各世帯に割り当てることができたが、次世代は、分割相続によって農業だけでは生計を維持できなくなる。*9

農業における生産性向上も必要ではあるが、保有できる土地面積の拡大は望めないため、農業以外の経済活動が必要となる。しかし、一九九九年の時点では、J村落地区内における農業以外の経済活動は活発ではなく、言及されたのは、コーヒー生産地であるエチオピア西南部ワッラガへの男性の季節労働である。長期間滞在している場合もあるが、一二月から一月にかけてのコーヒー収穫期にワッラガに出稼ぎに行く場合が多い。ただし、一九九九年の調査で確認した限りでは、明示的に季節労働移動について言及した世帯は六世帯にとどまっている。また、夫婦のキョウダイについても、短期的な季節労働移動は捕捉できないものの、居住地については女性の婚出以外は出身地から移動している者は少なく、この時点では人の移動はあまり活発ではない。*10

一九九九年時点では、一九九一年の土地再分配によって最低限の土地を保有できた世帯が、共同耕作や土地賃貸などに加えて男性の出稼ぎ労働などによって生計を補っている状況にあり、このような状況下では農業のみで生計活動を維持することが困難になりつつある状況だったといえよう。

3-2　土地再分配がもたらした女性の土地保有権

調査地では、一九九一年のＥＰＲＤＦの土地再分配によって土地は均等に配分されたが、それ自体は全体の土地面積を拡大するものではなく、土地不足の根本的な解決をもたらすものではない。しかし、この土地再分配は、これまでの慣習とされてきた方法とは異なる形で成人女性に土地保有権を与えた。男女を問わず成人に土地を分配することによって、女性が婚入先で土地保有権を獲得することができたのである。これは既存の慣習とは大きく異なる。

アムハラにおける結婚は、通常夫方居住婚であり、アムハラの大部分を占めるエチオピア正教徒については、さかのぼって六世代以内に同じ祖先がいる者との婚姻は教義で禁じられている。この教義に従うと、同一の祖先からの土地分割によってルストによる土地保有権を獲得してきたことから、近隣居住者については祖先を同じくする可能性が高く結婚は好まれなかった（Hoben 1973, 151）。確実に七世代上までの祖先が共通とならない者と結婚するために、女性は男性の出身地外から嫁いでいく場合がほとんどであり、それは調査地においても同様である[*11]。表5-2は、Ｇ村で世帯主とその配偶者の出身地を調べたものであるが、男性の場合はほとんど全員がＧ村出身者であるのに対し、女性については、六五％が村外からの移入者である。Ｇ村出身者同士であっても結婚は可能だが、共通の祖先に関する禁忌は同様に適用されるため、結婚前にその祖先について精査されるという。

このような婚姻における慣習の結果、女性には嫁ぎ先に血縁関係のある者がいない場合が多く、女性の社会関係も夫の血縁関係の中に組み込まれていく。アムハラは本来双系相続とされ、土地相続権は男女ともに認められてはいたものの、現実には夫方居住婚であるために相続時に娘が生家近くに居住していることはまれであり、土地相続の機会はほとんどなかった（Dessalegn 1994a; Hoben 1973; Pankhurst 1992; Women's Affairs Office and World Bank 1998）。

また、離婚後に婚入先にそのままとどまることも難しかった。イグレメウが指摘しているように、そもそも女性自身が嫁ぎ先にとどまることを望まないということがある（Yigremew 2001, 14）。次に、離婚後に土地保有権を主張することは、ルストをもとに形成されている村からの承認を得ることが難しいと考えられる。したがって、離婚した場合、通常女性は嫁いできた土地以外に居住する男性と再婚し、一方男性は土地保有権を保持したままその土地で他の女性と結婚するものとされてきた。帝政期においても、デルグ政権期においても、最終的に土地保有権を認めるのは村であり、その村において権威をもつのは年配の男性であった。デルグ政権期においては、農民組合が土地保有権の管理の主体となっていたが、組合員のほとんどが男性であり、男女間で土地保有権をめぐる争いが生じた場合は、女性に不利な裁定が下されがちであったという（Women's Affairs Office and World Bank 1998）。

このような慣習や価値規範に対して、男女関係なく成人には土地保有権を与えるというＥＰＲＤＦによる再分配制度は異質なものである。特にＥＰＲＤＦという外部からの新たな支配者が行った土地再分配制度が、調査地では実際にどこまで受容されるのだろうか。以下、土地再分配から一二年経過した二〇〇三年に行った聞き取り調査をもとに、土地再分配がもたらした影響を検討する。

表5-2　出身地の内訳（G村、1999年）

	男性（人）	（%）	女性（人）	（%）
G村	63	（98）	23	（35）
G村以外	1	（2）	42	（65）
合計	64	（100）	65	（100）

注：G村での調査は67世帯であるが、未婚男性1人、寡夫1人、寡婦3人が含まれているため、男女それぞれの合計は67人にはならない。
出所：筆者作成。

聞き取り調査の結果明らかになったのは、ＥＰＲＤＦによる土地再分配で生じた女性の土地保有権は、Ｊ村落地区では広く認知されていたことである。ＥＰＲＤＦの土地再分配によって夫婦で土地を得た男性は、インタビューで一九九一年に分配された土地について、「結婚している間は共同の土地として利用するが、離婚したときは夫婦で半分に分けることになっている」と述べた（事例五－三）。再分配から一〇年以上を経過しても、夫妻がそれぞれ土地を保有しているということは、明確に認識されている。

Ｑ村の男性が、女性の土地保有権について質問されたときに以下のとおり述べている。

〈事例五－三〉

筆者：ＥＰＲＤＦが来る前は（土地の権利は）どうでしたか？

男性：男だけだ。土地は男だけで女性には権利はなかった。離婚したときには土地はやらない。「さよなら」だけだ。今はデモクラシーがあるので、二カダ（〇・五ヘクタールに相当）ずつ男性と女性が土地をもらっている。

筆者：奥さんは、デラ郡（隣の郡）から来ています。もし奥さんが離婚してデラ郡に戻ったら、この土地はどうなりますか？

男性：彼女がデラ郡に戻っても、この土地は彼女のもので、他の人にその土地を貸すことができる。権利だ。これは法律で定められている。日本に行ったって貸すことができる。権利だ。（女性に）権利があるから、貸すことができる（Ｑ村、2003Q12）。

このように、男性側もＥＰＲＤＦによって世帯に分配された土地の権利は、夫と妻で半分ずつあるということを認識している。また、そのこと自体について特に不満は聞かれなかった。土地再分配は、慣習由来ではなくＥＰＲＤＦという外部勢力の介入によって行われたものの、その再分配を男女ともに受け入れている。「法律」とか「権利」といった言葉がでてくることも、この変化が自発的なものというよりも、外からもたらされた変化であることを示唆している。

このような土地保有権の認識をより明確に示しているのが、離婚後の土地の扱いである。結婚している間は土地を共有して農作業を行っているため、個人の土地保有権は大きな問題とならないが、離婚するときには土地の権利関係が明らかになる。聞き取り調査の結果わかったのは、離婚しても、妻は一九九一年に付与された土地を引き続き保有していたことである。ただし、彼女たちは、実家に戻っていたり、再婚したりしているため、保有している土地周辺に居住せずに、その土地を貸し出している。多くの場合、地代は収穫の半分もしくは三分の一である。土地の借り主は、前夫というよりも、その地域に居住する他の世帯であることが多い。

二〇〇三年のＧ村（二四世帯）とＱ村（一二世帯）での合計三六世帯対象の調査では、男女ともに離婚・再婚の割

表5-3　再婚時の土地保有状況（2003年、J村落地区G／Q村、妻の結婚回数順）

調査村	調査番号	年齢		結婚回数		土地保有面積(ha)					備考
		夫	妻	夫	妻	夫	妻	共同名義*	合計	借地	
G	G6	60	48	2	1	-	-	1	1		土地再分配時に夫婦として1ha割り当て
G	G14	23	18	2	1	0	0	0	0		父親の土地0.75haを共同耕作
G	G23	42	34	2	1	-	-	1	1		土地再分配時に夫婦として1ha割り当て
G	Q12	43	28	2	1	-	-	1	1		土地再分配時に夫婦として1ha割り当て
Q	Q7	23	20	2	2	0	0	0	0	0.5	夫婦それぞれが離婚ののち再婚、ただし男性の初婚は1998年であり土地再分配後
G	G16	27	23	2	2	0.5	0	0	0.5		2年前に夫の父から贈与
G	G21	35	30	2	2	-	-	1	1		土地再分配時に夫婦として1ha割り当て
G	G17	38	32	2	2	1	1	0	2		男性：前妻死亡により1ha保有 女性：前夫死亡により1ha保有
Q	Q3	42	40	2	2	-	-	1	1		土地再分配時に現在の妻と結婚しており夫婦に1ha割り当て
G	G4	50	45	2	2	-	-	1	1		両親による再婚相手の決定。女性の土地保有権の有無は考慮しなかった
Q	Q9	60	40	2	2	0.5	0	0	0.5		夫婦それぞれが離婚ののち再婚
Q	Q4	44	35	3	2	0.5	0.5	0	1	0.5	前妻から土地を借りている。夫は2人と離婚、女性は前夫と死別。保有している土地0.5haは貸している
G	G5	38	33	3	4	0.75	0.75	0	1.5		男性：過去2人の妻死亡　女性：過去2人の夫と離婚。1人は経緯不明

注：* 土地再分配時に土地を分配された場合は、登記上は共同名義として扱われる。
出所：筆者作成。

合が高かった。男性については、既婚者三二人のうち一三人（四一％）が再婚しており、そのうち一一人が二度目の結婚であり、二人が三度目の結婚である。女性の場合は、既婚者三二人のうち九人（二九％）が再婚しており、うち八人が二度目の結婚であり、一人が四度目の結婚である。女性の再婚者の配偶者の男性に初婚はおらず、再婚者同士の結婚である。

表5-3は、二〇〇三年に調査した三六世帯のうち、夫または妻が再婚している一三世帯について土地保有の状況を示したものである。一九九一年の土地再分配前に結婚した世帯も多いため、土地再分配で女性が土地保有権を獲得したのちに、当時の配偶者との離婚／死別と再婚を経験したという事例は三事例にとどまるが、女性が前回の結婚時に得た土地をそのまま保有して再婚している（2003G17, Q4, Q9）。最初の結婚のときに獲得した土地が再婚時の婚入先から遠い場合は、結婚後も引き続きその土地を貸し出している場合もあった（2003Q4）。女性が離婚して再婚する場合でも、前回の結婚で獲得した土地を維持していたのである。

アクリルとタデッセが指摘しているように、土地を保有している女性世帯主は、土地を保有しない男性にとっては、結婚すれば土地へのアクセスを提供してくれる重要な人物となる（Aklilu and Tadesse 1994, 47）。そのため、土地保有権をもつ女性世帯主が再婚相手を見つけることは、土地保有権をもたない女性よりも容易である。離婚／死別女性が村外に流出している可能性もあるが、再婚の容易さもG村、Q村の女性世帯主の数がJ町よりも少ないことの一因と考えられる。女性が土地を保有している世帯は、その土地が遠方にある場合以外は、自分たちで耕作している。女性にとっても、農業のための重要な労働力である男性と再婚し、夫が農業の主要な担い手となった方が、小作農と契約して収穫の半分もしくは三分の一の地代を受け取るよりも利益が大きくなる。

次の事例五－四は、夫が離婚した前妻の土地を借りている事例である。離婚後再婚したとしても女性の土地は保持されていることがわかる。土地不足に悩む調査地で土地を保有しているということは、再婚にあたり有利に働く財産になる。女性世帯主のまま土地を人に貸し出し続けるのではなく、再婚することで女性世帯主ではなくなることを選択する場合もある。実際に聞き取りでも土地保有権をもっている女性は再婚が容易であるという。[*12] 男性側も、離婚した場合に女性が土地保有権を維持したままであることを受入れている発言が多く聞かれた。

〈事例五－四〉夫四八歳、妻三五歳。夫は二回の離婚ののち再々婚した。三番目の結婚相手となる現在の妻は前夫死亡による再婚である。EPRDFの土地再分配があったときには、夫は二番目の妻と結婚していた。土地について質問したときの夫の回答は以下のとおり（Q村、2003Q4）。

一九八三年（エチオピア暦：西暦一九九〇／九一年）のときは、前の（二番目の妻）結婚のときで、土地を四カダ（一ヘクタール）もらった。しかし、離婚したので二番目の妻の土地に対して地代を払って使っている。地代は収穫の半分だ。彼女は自分の実家に戻っているが、土地は彼女のものである。だから地代を払わなければならない（Q村、2003Q4）。

この事例では、土地再分配のときに政府から夫婦への割当として一ヘクタールの土地保有権を受け取ったが、離婚によって土地保有権を妻と分割したことを示している。元妻が元夫に土地を貸しているが、実際には夫を避けて他の男性に貸していることも多い。調査対象世帯外ではあるが、離婚後に再婚した女性二人に土地を誰に貸しているのかを聞いたところ、二人とも、前夫に貸すと土地を取られてしまうかもしれないからという理由で、他の男性に貸与していた。

〈事例五－五〉男性六〇歳、女性四〇歳。結婚後に土地再分配があったので、最初の妻と自分の分で四カダ（一ヘクタール）分配されたが、その後離婚した。そのため土地を妻と半分に分割して現在二カダとなった。最初の妻の二カダは他の人に貸し出されている。現在の妻は三番目の妻である（Q村、2003Q9）。

このような土地保有のシステムの変化は、世帯内における男女の力関係にも変化を与えていると考えられる。一九九一年の土地再分配時に夫婦として土地を受け取っていた場合は、男性にとっての離婚は、以前と異なり土地を半分失うことを意味する。逆に女性側にとっては、これまで離婚時の財産分与は動産のみで、土地に対する権利を主張できなかったことを考えると、離婚時の財産分与が以前より有利になっている。離婚後の女性側の生計の見通しも明るくなる。地代収入が期待できる上に、再婚する際にも、土地不足に苦しむこの地域では土地を保有していることが有効な持参財になる。聞き取り調査でも、一九九一年に一ヘクタールずつ土地を再分配された二組の夫婦がいたが、両方が前の配偶者を亡くしたのち再婚した事例があった（G村、2003G17）。この場合、いずれも死亡した配偶者の土地を放出することなく、それぞれ一ヘクタールを保有したまま結婚した結果、世帯全体としては二ヘクタールの土地を保有することとなった。

デルグ政権期までは、たとえ寡婦であっても他の土地の男性と結婚する場合は、結婚時の土地保有権を失うものと

写真5-1　G村のそばの川で水汲み。家事も重労働である（1998年5月15日、筆者撮影）

写真5-2　J町。料理の準備。女性の世帯内での家事労働の役割は大きい（2011年8月22日、筆者撮影）

されてきた。それを考えると、離婚や配偶者の死亡の際の女性の土地保有権についての規範が大きく変わってきている。

ただし、離婚に際しての土地分割が均等に二等分されるのかについては疑問が残る。この点について、複数の農民からの聞き取りでは、離婚時にはほとんどの場合女性側に狭い土地が渡されることになるということであった。その背景には、土地の分散化の問題もある。夫婦で一ヘクタール割り当てられたとしても、その土地が一か所とは限らず、分散した形をとることが多い。規模の経済としての効率性の問題はあるが、肥沃な土地の獲得や局所的な作物被害などを防ぐためのリスク分散としては、土地を分散して保有することに意味はある。しかし、このように分散化した土地を均等に分割することは難しい。そして分割方法は、そのままその土地に居住する男性側に有利な裁定を下される傾向にある。夫方居住婚によって他地域から婚入してきた女性は、その地域における社会ネットワークは夫よりも弱く、離婚後にその土地を離れてしまうと影響力はさらに減少してしまう（写真5-1、5-2）。

離婚女性の親や兄弟が、女性に代わって訴訟を起こすこともあるが、彼ら自身も土地のある地域の出身者でないために裁定を覆すのは難しい。これは、夫方居住婚であるために、離婚時の不服申し立てを行う村では女性側が不利になるためである。実際に姉妹の一人が離婚したという男性から話を聞いたが、女性側は三分の一しか土地をもらえず、土地管理委員会に訴えたが無視されたという。さらに上部機関へ訴えることも可能だが、訴えるには「力」（*Haile*）が必要であるという説明を受けた。この「力」については明確な説明はされなかったが、訴えるために書類などを準備する能力や、紛争対象の土地のある地域での政治力などが含まれると考えられる。明言されることはなかったが、先行研究でも指摘されたように、ＥＰＲＤＦとの関係性の深さも関係するであろう。物理的に完全に均等な分割が困難であるということもあるが、女性の土地保有権についての理解が進んだとはいえ、いまだ男性よりも女性が不利な社会構造であることには変わりがない。

4　女性の土地保有権から生まれる土地への新たなアクセス

一九九一年の土地再分配では、女性にも実質的な土地保有権が与えられたことが大きな特徴である。男性優位の慣習が根強いアムハラ州において、男女に同等の権利を与える政策にどれだけ実効性があるのかはこれまでも議論があった。しかし、アムハラ州の調査地では、一九九一年の土地再分配政策は、元々の慣習とは異なる政策であったにもかかわらず、男性にも受け入れられていた。

それが可能となった理由の一つとして、さらに深刻化してきた土地不足の問題を挙げることができる。一九九一年のような土地の再分配はそれ以降行われていない。土地はこのときに分配されてしまったため、その後は結婚しても、妻の分どころか新成人男性にすら割り当てる土地はほとんどない。したがって、一九九一年の土地再分配以降に結婚した夫婦の多くに新たに土地を割り当てられることはまれである。一九九一年に成人と認定されていれば少なくとも成人一人分の〇・五ヘクタールを保有できたが、当時未成年だった場合はその後成人になっても、相続以外では土地を保有できる機会はほとんどない。

このような状況下では、新たに土地を保有できる機会は限定的であり、賃借によるアクセスを求めることになる。

しかし、各世帯が保有する土地面積がすでに小さい中で、新たに土地を貸し出す世帯は少ない。数少ないアクセス方法の一つとなるのが、離婚女性や寡婦そして高齢者の保有する土地への賃借によるアクセスである。

アムハラにおける農業では、牛耕が中心であるが、牛耕については女性が行うことはタブー視されてきた（Waters-Bayer and Letty 2010, 41）。それ以外の農作業については女性も参加しているものの、牛耕については技術や経験がないこともあり、自分で行うことは困難である。それに加えて女性世帯主の場合は、労働力や金融アクセスの欠如によって、自らは農業に従事することができずに貸し出す場合が多い*13（Mintewab, Holden, and Mannberg 2016, 361-362）。

これまでは、土地を貸し出す女性世帯主は、婚入先にとどまることが比較的容易な寡婦の場合が多かったが、今回の土地再分配によって新たに女性に与えられた土地保有権は、離婚して転出した場合でも引き続き保持することを可能にしている。離婚後に女性自身が保有権をもつ土地を離れたとしても、その権利を失うことなく人に貸し出すことができるようになったのである。

聞き取り調査では、「デモクラシー」や女性の権利といった発言を男性がしていたが、現実に女性が土地保有権をもつことを男性が受け入れている理由の一つとして、土地をもたない男性が借地という形で土地へのアクセスを得られることが考えられる。土地不足が深刻な中、土地をもつ女性が離婚したときに、その土地を元夫に保有させるよりも、女性にそのまま土地の権利を保有させて、その土地を他の人間に貸し出す形を取った方が、村においてより多くの人々に土地へのアクセスを提供することができる。

また、女性が再婚する際にも土地保有権があることは有利に働く。これまでの慣習とは異なるものであるが、土地不足が深刻化する中で、より多くの人々が望む形での変化であったために、女性個人の土地保有権が村落地区において認められたといえる。このような離婚女性の土地保有権に対する社会の認識の変化は、土地がひじょうに不足しているときの社会的要請を考えると、より多くの人々に土地へのアクセスを提供するための一つの解といえる。生産性だけを考えれば、自ら耕作できない女性から土地を取り上げて土地をもたない男性に再分配するという解決策もあるが、男女同権を無視した強権的な土地権の移動を政府としては是認することはできない。また、女性から土地をとりあげて、特定の男性に土地再分配したとしても、アムハラ州における土地再分配自体が農民の反対運動によって頓挫したときのように、受益者の選定における政府の恣意性への批判が高まる恐れもある。

一九九一年に行われた土地再分配政策は、女性にも土地保有権を与えることで、これまでの慣習とは異なる状況を生み出した。それまで有名無実であった女性の土地保有権を実質的なものにしたのである。このような社会の変化は、政策そのものが優れていたというよりも、環境の変化に政策や法律が適合していた結果であろう。新たな政策が女性だけでなく男性からも支持されたために有効性をもったのである。

ただし、土地再分配政策は土地不足のために一九九一年の一度しか行われることはなかったため、国による女性への土地保有権の付与も一過性のものとなった。一九九一年当時未成年だった女性は、成人しても土地を割り当てられずに土地をもたずに結婚することになる。男性が結婚時に土地を保有していた場合、その土地は女性との共同保有権にはならず、男性個人の保有となる。したがって、離婚した場合は、これまでの慣習にしたがって結婚時に持参した財のみとなる。一九九一年に成人していた女性と、それ以降に成人して結婚した女性との間では、土地保有の面で格差が生じることになる。

一九九一年の土地再分配政策の事例は、社会に深く根づいている慣習も、村全体の状況を改善させるものであれば、それに合わせて変化していくことを示した。ただし、エチオピアにおける土地不足の問題は現在進行形であり、いまだ解決にはほど遠い。政府は土地再分配政策を施行したのち、一九九〇年代後半からは土地登記や新たな土地法の施行によって、土地管理制度の整備を行っている。このような国家による新たな施策が、人々にどのような影響をもたらしたのかを、次章以下引き続き検討する。

注

＊1　ＥＰＲＤＦの中心政党であるＴＰＬＦによるティグライ州での土地再分配は、一九八〇年には始まっていることが確認されている（Young 1997, 183-186）。

＊2　Proclamation to Provide for the Reallotment of the Possession of Rural Land in The Amhara National Region, Proclamation（一九九六年一一月五日公布）およびその修正法であるProclamation No.17（一九九七年七月公布）（Yigremew 2001）。

＊3　一九九〇年四月五日聞き取り。彼自身は調査地がイタリアによって占領されたときに、抵抗勢力として戦った功績によりハイレ・セラシエによって土地を与えられ、グラズマッチ（*Grazmach*）という名誉軍人としての称号をもらったという。なお、彼は当時のＪ村落地区チェアマンの父である。

＊4　なお、調査地で通常使用される土地面積の単位は、カダ（*qada*）であり、一カダ＝一／四ヘクタールとなる。本書では、カダでの回答をヘクタールに換算している。

＊5　年齢不明の二人は除く。

＊6　年齢不明の一人は除く。

＊7　年齢不明の一人は除く。

＊8　なお、アムハラでは女性の早婚の慣習の問題が以前から指摘されてきた。特に農村部の若い女性に関する先行研究の多くは、早婚の慣習を取り上げている（Berihun and Aspen 2010; Haile 1994）。筆者の聞き取り調査でも一〇代前半で結婚した女性が多数いた。エチオピアでは、二〇〇五年に法律上の女性の結婚最低年齢が一五歳から男性と同じ一八歳に引き上げられたが、この法改正の背景には、早婚の慣習が根強く残っていることとも関係している。ただし、この法改正によって早婚を完全には防止できているわけではない（USAID 2008）。

＊9　一世帯当たりの食料を確保するための最低農地面積はアムハラ州では〇・八六ヘクタールと推定されている（Berhanu, Berhanu and Samuel 2003）。

＊10　この点については、アムハラ州北ショア県で調査を行ったアクリルとタデッセ（Aklilu and Tadesse 1994）も、土地不足や土

壌の劣化が進んでいるにもかかわらず、非農業就業と労働移動があまり活発ではないことを指摘している。アクリルとタデッセでは、土地をもたない者が選択できる対応策として、自分で土地を耕せない高齢者などから土地を借りて小作農となるケースを挙げている（Aklilu and Tadesse 1994）。

＊11　筆者聞き取りおよびパンクハースト（Pankhurst 1992, 113）。なお、この婚姻の慣習は、アムハラ州において八割を占めるエチオピア正教徒のものであり二割近くを占めるムスリムは異なる慣習をもつ。この血族との婚姻の禁止は、ハイレ・セラシエ時代に作られた民法の条項としても規定されており、五五一条で血族関係を七世代までさかのぼって同じ祖先をもつものと規定し、五八二条において血族同士の結婚を禁じている。ただし、二〇〇〇年に公布された修正家族法（The Revised Family Code）では、三親等までに修正された。

＊12　アムハラの結婚に関する特徴の一つは、高い離婚率である（Pankhurst 1992, Tilson and Larsen 2000）。二〇〇七年の国勢調査における全国の一〇歳以上の女性における離婚者の割合は四・四％であるが、アムハラ州では六・四％と上回っている（Office of the Population Census Commission n.d.）。ティルソンとラーセン（Tilson and Larsen 2000, 365）やパンクハースト（Pankhurst 1992, 116–117）の調査では、アムハラ社会において、離婚は広く受け入れられており、同時に女性の再婚も困難ではないことが示されている。再婚が多い理由としては、女性側は男性の保護や労働力が必要である一方で、男性側も、重労働である家事を担う女性がいないと生活に支障があるということと、男女ともに単身者は既婚者よりも社会的地位が不安定になることが挙げられている（Pankhurst 1992, 116–117）。また、ティルソンとラーセンは、高い離婚率の原因を早婚に帰している。彼らの調査では、一五歳未満で結婚した女性の離婚率が、一五歳以上で結婚した女性よりも高い。その一方で、パンクハーストは、アムハラの女性の自立性が高い離婚率をもたらしており、アムハラ社会において、女性が夫との関係において、完全に受け身だというわけではないと主張している。ただし、その根拠は、経済的自立というよりも再婚の容易さから説明しており、若干説得力にとぼしい。なお、これらの調査では、女性の土地の権利について言及していない。

＊13　収穫の半分や三分の一の地代で、土地を貸す側の生計が維持できるのかについても精査する必要があるが、本調査では明らかにできなかった。考えられることとしては、まず女性世帯主の場合は、通常、扶養者数（子どもの数）が男性世帯主よりも少な

いため、世帯当たりで必要な出費も少ないことが挙げられる。また、地代収入だけでなく、子どもからの援助によって生計が維持できている場合もある。

第6章　土地管理制度の整備——国家による農村のとりこみ

二〇〇〇年代に入ってから、EPRDFは土地法を制定し、農村部に新たな土地管理制度を導入した（Chinigò 2015; Vaughan 2011）。その結果、農民の土地保有権が明確になり、国家が土地管理を容易に行えるようになった。この土地管理制度は、村レベルの協議を重視しており、中央政府からのトップダウンによる運営ではない。しかし、その話し合いをとりまとめる要職者にはEPRDF党員が配置される仕組みになっており、政治権力構造から独立した制度ではない。この土地制度は、EPRDF政権の権威の裏づけがあって機能しているともいえる。

このような状況は、政治地理学者であるサック（Sack 1986）のいう領域性の行使（territorialization）に当てはまる（Chinigò 2015, 175）。彼は、領域性を「空間を区切って領域を作り出すことによって、人間の行動や現象の発生を制御する個人や集団の戦略的試み[*1]」と定義した（Sack 1986）。国家は、その領域に新たな原理を持ち込むことで、特定の社会関係を構築し、自らの権力を強化しようとするのである（山﨑 二〇一六、八九—九〇）。

多民族国家であるエチオピアでは、歴史的に国家が人よりも土地を支配することで農村部の領域化をめざしてきた。一九世紀後半に始まったとされる帝政期ではアムハラ民族が他民族を支配する過程で、土地制度が重要な役割を果たしていた。また、第二次世界大戦後には政権交代が二度起きているが、新たに政権を握った政治勢力は、武力によって政権についたために早急に支配を確立する必要があった。これらの政権はいずれも農村部では、土地制度の変革を通した支配強化をめざしている。一九七四年に帝政を打倒したデルグ政権は、土地再分配によって帝政時代の権力者を排除し、一九九一年に政権を握ったＥＰＲＤＦも、後述のように新たな土地管理制度を構築することで農村部での支配の浸透を図っていたといえる（児玉 二〇一五b）。

本章では、ＥＰＲＤＦ政権の土地管理制度と農業政策を中心に、農村に対する支配関係をどのように確立しようとしたのかを検討したのち、調査地において国家によってもたらされた新たな土地管理制度がどのように実施されているのかを検討する。

1　連邦政府による土地法——国家による土地管理原則の制定

ＥＰＲＤＦ政権による最初の土地法は、結果的にアムハラ州のみを対象することとなった一九九六年の土地再分配法を除くと、一九九七年の「農村部の土地管理についての布告No.89/1997」[*2]（以下、一九九七年連邦政府土地法）となる。この法律は、デルグ前政権が出した一九七五年土地法を差し替える形をとった（Daniel 2015, 68）。一九九七年連邦政府土地法は全部で一〇条しかない短い法律であるが、各州が州ごとの土地法を制定するにあたっての基本原則を挙げている。

ただし、現在のエチオピアの土地法の基本原則として参照されているのは、一九九七年連邦政府土地法を拡充する形で出された二〇〇五年連邦政府土地法である。エチオピアは現在連邦制度を採用しており、連邦政府による法律と州法との関係は、憲法五二条二(d)項で「[州政府は]連邦法に従って、土地その他の天然資源を管理する［権限と機能をもつものとする］」（［　］内は筆者補足）と定められており、連邦法が州法よりも上位に位置する。ただし、二〇〇五年連邦政府土地法には、連邦法から逸脱しない範囲であれば「詳細は州政府によって定められる」とする条項も多い。

二〇〇五年連邦政府土地法では、一九九七年の土地法から、土地保有権に関する規定が変更されている。重要な変更としては、譲渡の規定（第八条）、土地分配に関する規定（第九条）と、土地保有の最低面積の設定（第一一条）が挙げられる。第八条では、相続での譲渡とともに、女性や高齢者、障害者のみに限定した土地の賃貸が認められた。完全に保有権を自由化したわけではなく、第一一条で土地細分化を防ぐために最低区画面積が定められ、それ以下の面積の土地の譲渡は禁じられている。[*3] また、第九条では相続人がいない土地は、行政によって土地なし農民などに分配することが定めてある。第六条において土地登記について定めており、第七条以降で言及される「農村部における土地使用権」（rural land use right）は、土地登記を前提としたものである。

2　アムハラ州政府による土地管理制度

土地法については、上述の連邦政府による二〇〇五年連邦政府土地法を基本原則として、各州政府が州の状況に対応する形で法律を制定している。各州の土地法は連邦政府の土地法を基本にして策定され、連邦政府の土地法が修正されれば、それに合わせて州の法律も修正されていく。各州の土地法は、連邦政府土地法をベースとしているものの、州の状況に合わせて独立した法律が制定されている。

アムハラ州政府は、一九九七年連邦政府土地法に基づいて、二〇〇〇年に「アムハラ州農村部の土地管理および使用の布告No.26/2000」（以下二〇〇〇年州土地法）[*4] を制定している。そして二〇〇五年連邦政府土地法が出されると、それに合わせて二〇〇〇年州土地法を修正して、「アムハラ州農村部の土地管理および使用に関する修正の布告No.133/2006」[*5]（以下、二〇〇六年州土地法）を公布している。アムハラ州の土地法は、他州の土地法と比較すると、土地不足が深刻であることを反映してより詳細な規定が定められている（Ministry of Agriculture and Natural Resources 2017）。

二〇〇六年州土地法に加えてさらに詳細な手続きを定めたのが、二〇〇七年の「アムハラ州農村部の土地管理および使用制度施行――州政府議会規定No.51/2007」[*6]（以下、二〇〇七年州土地管理・使用規定）である。二〇一六年の調査時では、二〇〇六年州土地法と二〇〇七年州土地管理・使用規定を基本原則として土地の管理が行われていた。

これらの法律や規定において、実際の土地保有権に大きな影響を与える条項としては四つ挙げられる。具体的には、①土地保有権剥奪条件（Conditions Depriving the Holding Right）、②最小土地区画面積、③土地登記、④土地使用管理委員会設立に関する条項である。

まず、二〇〇六年州土地法第一二条では、土地保有権を剥奪する条件が明確に定められている。具体的な条件は以下の五つである。

(a)農業以外で生計を立てている。
(b)その土地を人に貸さず、または土地の管理者を定めないまま、五年間消息不明である。
(c)三年以上または灌漑耕地の場合は一年以上耕作しない。
(d)土地管理の失敗で土地に著しい損害を与える。
(e)本人が保有権を取り下げる。

二〇〇六年州土地法第二条八項で土地保有権には土地を貸す権利も含まれることからも、土地を貸している限りは土地保有権を剥奪される可能性は低い。しかし、これらの土地保有権の剥奪に関する条項は、たとえばオロミヤ州における同種の法律「オロモ農村部の土地使用と管理の布告No.56/2002、70/2003、103/2005を修正する布告」には存在しない。それだけアムハラ州における土地不足の問題が深刻であることがわかる。

次に、最小土地区画面積に関する条項だが、これは生存維持レベル以下の土地細分化を防ぐことを目的としている。すでに土地細分化が進行しているアムハラ州においては、一般的に行われる分割相続の際に、最小土地区画面積条項が大きく影響することになる。二〇〇七年州土地管理・使用規定では、最少面積は天水農地〇・二五ヘクタール、灌漑用地〇・一一ヘクタールと定められている（第二三条）。これは、オロミヤ州の土地法No.130/2007 第七条の〇・五ヘクタールよりも小さい。相続などによる土地分割の結果、その土地の面積が最小土地区画面積よりも小さくなる場合は、その土地を単独で保有することはできず、他の親族等との共同保有となる（二〇〇六年州土地法第一六条第八項）。

第三に、土地保有権は登記して初めて法的に認められると規定したことである。土地登記がなければ、土地保有権だけでなく国が接収するときの補償なども受けられないため、登記は必須である。後述の郡土地管理局が、保有者の氏名と写真が記載された土地登記手帳を土地保有者に支給し、それに基づいて土地保有が法的に認められる（第二四条第五項）。また、共同保有となる場合は、夫婦であれば両配偶者の名前が併記された登記手帳が発行される（第二四条第二項）。郡土地管理局は、これらの情報を管理する責任を負う。

農村部の土地登記は、一九九七年にティグライ州で開始し、二〇〇三年にアムハラ州、その後オロミヤ州や南部諸民族州などでも始まり、二〇一三年の段階でこれら四州の農家世帯の九〇％以上の土地登記は終了している（Aklilu and Tadesse 1994; Sosina and Holden 2014, 195; Dessalegn 2008; Solomon 2006）。ＥＰＲＤＦによる強制的な性格の強い土地再分配とは異なり、土地登記は世界銀行など国際機関による支援のもと進められた（Deininger et al. 2008）。登記によって保証される権利は、個人の土地保有権または配偶者などとの共同土地保有権である。共有地については、地方政府と村が使用権をもつ（Solomon 2006, 167）。

第四に、土地の管理や利用について、州や郡レベルに管轄する行政機関を設立するとともに、村落地区や村レベルにおいても土地管理使用委員会を設立し、大幅な権限委譲を行っていることも大きな特徴の一つである（二〇〇六年州土地法第五部）。州としての管轄庁はアムハラ州政府環境保護・土地管理および使用庁（Amhara National Regional State Environmental Protection, Land Administration and Use Authority：以下、土地管理庁）であるが、その中でも中心となるのは、州内に一四〇ある郡レベルの担当局（以下、郡土地管理局）である。この郡の担当局が主導して村落地区レベルの土地管理・使用委員会（以下、土地管理委員会）や村レベルの土地管理・使用下部委員会（以下、土地管理下部委員会）を設立し、監督する。二〇〇六年州土地法第二七条に定められている土地管理下部委員会の役割としては、土地保有権の決定や剥奪および土地分配時の優先順位の決定などが挙げられており、委員会は土地管理に関して強い権限をもつ。

州レベルの土地管理庁、郡レベルでの土地管理局、そして村落地区土地管理委員会、村レベルの土地管理下部委員会については定めがある（二〇〇六年州土地法二六・二七条）が、州と郡の間の行政単位である県についての言及はないことから、郡レベルに多くの権限が委譲されていると考えられる。二〇〇七年州土地管理・使用規定二六〜二八条では、これら委員会についての設立方法や義務などが詳細に規定されている。二〇〇七年州土地管理・使用規定では、村落レベルの土地管理は、土地管理委員会や土地管理下部委員会にゆだねられている。

3　ＥＰＲＤＦ政権下の農村向け政策

国家と農村との関係は、土地だけではなく、農村振興のための政策を通しても築かれる。本節では、ＥＰＲＤＦ政権による農村を対象とした政策を概観する。

3–1　ＡＤＬＩに基づく農民重視の農業政策

ＥＰＲＤＦ政権の農業政策の象徴的なものとして「農業開発主導産業化（ＡＤＬＩ）」政策がある。ＡＤＬＩを政策として採用した具体的な時期は不明だが、ＥＰＲＤＦは、政権を握った二年後の一九九三年の「エチオピア経済開発戦略（An Economic Development Strategy for Ethiopia）」でＡＤＬＩについて言及している。ＡＤＬＩとは、「労働力だけでなく、肥料や品種改良種子その他伝統的方法といった土地の生産性を増強する技術を利用することで、より迅速な成長と経済開発をめざす長期的戦略」であり、「農業は経済成長の中心的な役割を果たす」としている（MoFED 2002, iii）。ＡＤＬＩによる経済発展の論理は、人口の大多数を占める農民が、生産性向上によって貧困から脱出して食料の安全保障を確立すると同時に、消費財への需要を増加させることで国内需要が拡大し、結果的に製造業が成長するというものである（Lefort 2012, 681–682）。

国家による農民の土地保有権の保護も、ADLIの一環として位置づけられている。援助ドナー側も、農民が安心して自身の土地に投資することができることで生産性が向上するという論理のもとに、土地登記や土地法の整備を推奨してきた（Deininger and Binswanger 1999, 249–250）。二〇〇二年に出されたエチオピアの五カ年計画である「持続的開発と貧困削減計画（SDPRP）」においても、土地登記が土地権の安定をもたらすとしている。[*7]

ただし、近年の農業政策が、農民の食料安全保障よりも商業生産を重視する方針を強く打ち出していることを鑑みると、農民重視の開発政策としてのADLIは、二〇〇六年の段階で明示的ではないがすでに放棄されていたという指摘もある（Dessalegn 2008, 133; Lavers 2012; Lefort 2012）。

3–2　政治的混乱収拾のための農村政策

一九九一年に政権についてから、EPRDFは緩やかに経済自由化や民主化を進めていた。しかし、二〇〇五年の総選挙とそれに続く政治的混乱は、エチオピア政治の大きな転換点となった[*8]（Aalen and Tronvoll 2009, 194; Chinigò 2015, 632; Vaughan 2011）。この総選挙の直前は、一九九八年に始まり二〇〇〇年に終結したエリトリアとの戦争によって、ナショナリズムが高揚したのを受けて、民族横断的な野党が勢力を伸ばした時期である。少数民族が中心のTPLFがEPRDF政権の中枢を独占していることに対する批判（Lefort 2007, 262）も相まって、二〇〇五年の総選挙では野党が三割以上の議席を獲得する結果となった。しかし、選挙後、首都を中心に起きた野党側による選挙結果への大規模な抗議運動に対して、政府側は徹底的な弾圧をもってのぞみ、それ以降EPRDFは反政府側に対しては抑圧的な姿勢を強め、野党側の政治活動も停滞した（Lefort 2010; 児玉 二〇一五a）。

このような反政府側の勢力拡大に対するEPRDF政権側の危機感は、農村政策にも反映された。二〇〇五年の総選挙後、政府は地方分権化を推進して、州のみならずさらに末端の行政区分である郡や村落地区にさまざまな決定権を委譲することで、農村部の不満を解消し、ＥＰＲＤＦへの支持を増やそうとしたのである。選挙結果を受けて、人口の八四%が居住している農村部において支持基盤を固める重要性をＥＰＲＤＦが認識したためと考えられる。

なお、一九九五年に制定された憲法は連邦制を採用しており、政府に元々地方分権化の意図はあったといえる。特に州政府は連邦政府の意向に沿ったものではあるが、具体的な予算執行、州法制定や政策遂行についての権限を委譲されていた。二〇〇五年の総選挙後には、さらに郡レベルにまで財政、権限などを委譲している[*9]（Vaughan 2011, 633-634）。

元々アフリカの地方分権化は、一九九〇年代後半からドナー主導で進められていた。これは地方分権化が、一九八〇年代後半から一九九〇年代にかけてアフリカの「民主化[*10]」に実効性をもたせるために不可欠なガバナンスの向上をもたらすことができるとされたためである（Manor 1999; World Bank 1997, 10; 岩田 二〇一〇、七－九）。

しかし、二〇〇五年以降のＥＰＲＤＦ政権による地方分権化は、「民主化」やガバナンス向上とは異なる文脈で行われている。ＥＰＲＤＦが地方分権化を介して行ったのは、ＥＰＲＤＦによる農村部への支配の浸透である（Chinigò 2015）。地方分権化の名のもとに村落地区にまで権限を委譲し、制度に組み込んでいくことは、住民に自由裁量が与えられているようにみえるが、現実には、すべての手続きがフォーマル化され、国の制度の中に組み込まれていくことを意味している。チニゴは、エチオピアで行われた土地登記は、「国家が資源に対して権利を主張し、政治的支配を実践することを合法化するための戦略の一つ」であると指摘している（Chinigò 2015, 175）。

ＥＰＲＤＦ政権は、地方分権化を進めるのと同時に、農村部において支持基盤固めを積極的に行った。二〇〇五年の選挙結果を受けて、二〇〇五年後半～二〇〇六年にはＥＰＲＤＦがそれまでの自らの過ちを認めて「許しを請う」ために、地方レベルで会合を開いたという（Lefort 2010, 446; Vaughan 2011, 632-633）。アムハラ州では、政府は前政権支持者として排除してきた長老なども含めてその地域社会に影響力のある人々を再評価し、話し合いの場への参加を求めた（Vaughan 2011, 633）。その結果、行政側が農村部の日常生活にトップダウンで介入してくることが減り、村レベルでの意思決定を尊重するようになったという（Lefort 2010, 437）。同時に、村レベルで権威をもつ人々を積極的にＥＰＲＤＦの党員にしていくことで、支持基盤を固めようとした（Vaughan 2011, 633）。

ＥＰＲＤＦ政権における土地政策は、土地を国有とするなど前政権との類似点もある。しかし、その政策の背後にあるアイデアは、土地を通して農民を支配するというよりも、ＡＤＬＩに示されるように生産活動をより自由化することで食料安全保障を確立し、結果的に国全体の経済成長に資することを期待するものである。ＥＰＲＤＦ政権にとっての土地政策は、経済自由化政策と土地保有権の保証のもとに農民が生産活動に従事することで、農業生産を安定させ、結果的に農業以外のセクターの経済成長を下支えするものをめざしているといえよう。*11

ただし、土地管理制度の整備の目的はそれだけでなく、政治的文脈の中に位置づけて考える必要もある。土地管理制度の整備は、農民の土地保有権の安定化による生産性向上だけでなく、農村部におけるＥＰＲＤＦの支持基盤の確立も同時にめざしているからである。

4　国家による土地政策と農村における土地制度の実践

4-1　行政の末端レベルまでの制度構築

ウステ郡における土地管理は、郡レベルの土地管理局から村レベルにいたるまで、行政によって階層的な制度が形成されている*12（図6-1）。通常の土地管理業務は、郡土地管理局のもとに、村落地区土地管理委員会、村単位の土地管理下部委員会が行う。

村落地区土地管理委員会の具体的な業務は、相続、贈与、土地の交換などの土地保有権の動きを記録し、登記変更がある場合には、郡レベルの土地管理局に報告して、そこで管理されている登記手帳を作成または修正するよう依頼

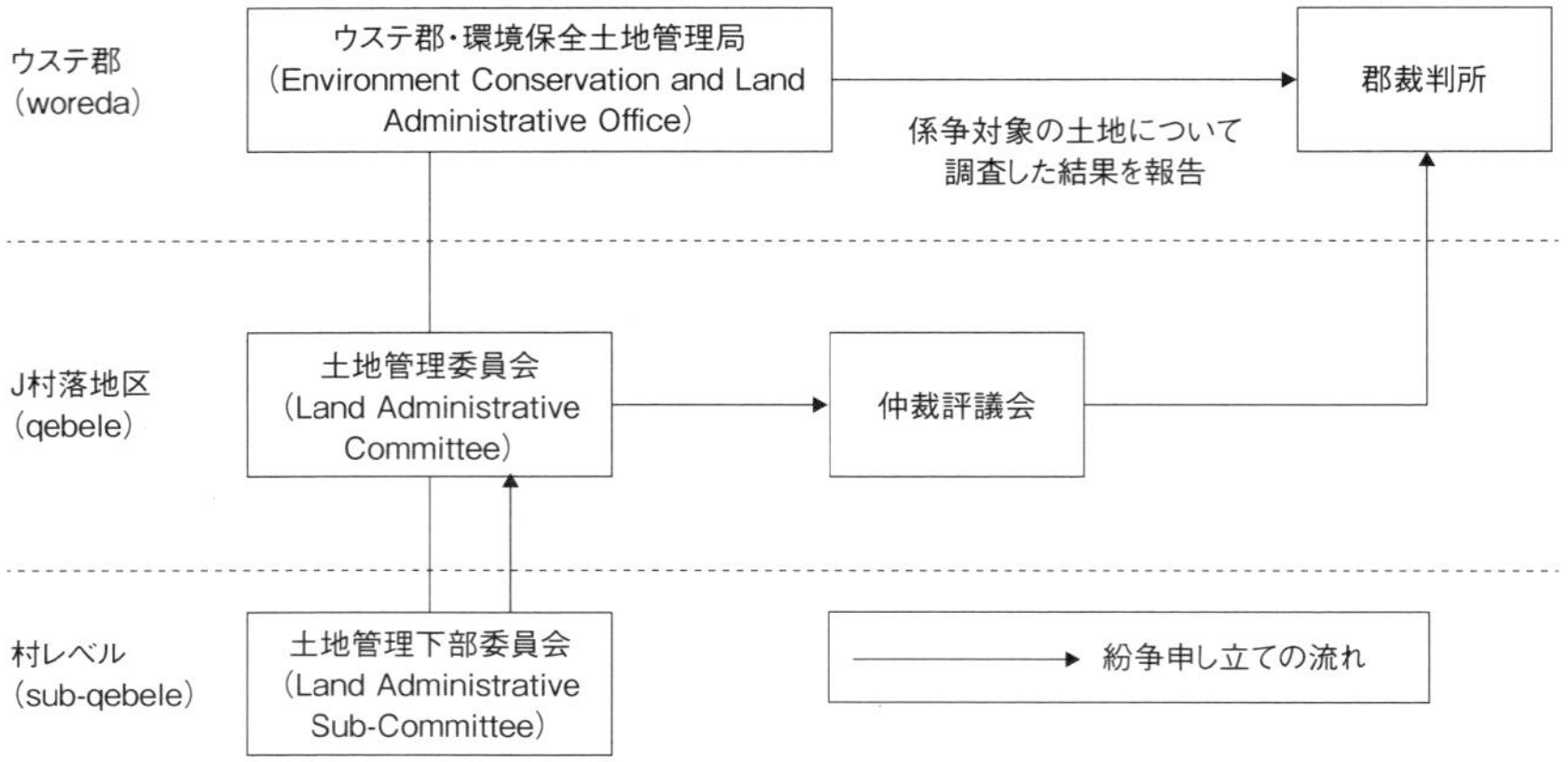

図6-1　ウステ郡における土地管理に関する組織図

出所：ウステ郡土地管理局およびJ村落地区での聞き取りをもとに筆者作成。

することである。ただし、実際の事務作業は、公務員として村落地区に常駐している土地管理エキスパートが行う。村落地区土地管理委員会の委員は合計二一人だが、この委員は、村レベルの土地管理下部委員会の委員でもある。J村落地区には五つの村があるが、それを三つのグループに分けて三つの下部委員会を設置しており、各委員会は七人で構成されている。[*13] それぞれに三〇歳までの女性を二人配置することになっている。

J村落地区では、土地の不法占拠の告発や離婚時の財産分与などさまざまな土地紛争が恒常的にある。このような村落地区内での紛争処理の判断は、土地管理委員会が行う。この委員会には、地元の有力者でもあるチェアマンなど村落地区議会の議員が含まれている。[*14] なお、土地管理エキスパートは、委員会のメンバーではないが、委員会における土地に関する話し合いの結果を郡土地管理局に報告する役目を負う。

土地に関するトラブルがあった場合、住民は、まず村レベルの下部委員会に訴え、その判断が不服な場合は、村落地区レベルの仲裁評議会に訴え、さらに上訴する場合は村落地区レベルの仲裁評議会に訴える。仲裁評議会は、三つの村からそれぞれ一人ずつ選出された三人によって構成されている。仲裁評議会での判決に不服な場合は、郡レベルの裁判所に訴えることになる。この際、土地の権利関係について、郡土地管理局から裁判所に報告書が提出され、裁判所はそれに基づいて判決を下す。

図6-1の組織図からはいくつもの段階を踏んで土地に関する訴えができるようにみえるが、実際には下部委員会の委員も、そして仲裁評議会のメンバーも村落地区土地管理委員会のメンバーであり、村落地区レベル内で段階を踏んだとしても評決が覆る可能性は低い。さらに、郡土地管理局から郡裁判所への報告も委員会の結論を反映したものであることを考えると、明白な違法行為でなければ、村落地区土地管理委員会の結論を裁判所が採用する可能性が高い。村落地区レベルの結論が重視される制度となっている。

4-2　土地管理制度の運用

(1)　土地保有権の公式な記録となる土地登記

郡土地管理局によると、この地域の土地登記は二〇〇四/〇五年に始まって、二〇一〇/一一年に終了している。その後は、個別の申請に基づいて登記変更などが行われている。登記を行うと、郡土地管理局においてその情報が記録されるとともに（写真6-1）、土地保有者には登記手帳が発行される。土地保有権を主張するための根拠は登記手帳である。登記手帳に記載される事項は法律で定められている。名前や写真といった個人情報と、土地の広さ、場所を同定するために境界に接している土地の保有者の氏名などが記載されている。

登記手帳に記載される保有者の名前は一人というわけではなく、共同保有の場合は全員の名前が記載される。土地を分割相続するときに法律で定められた最低保有区画面積を下回る場合にはキョウダイで共同保有となる。また夫婦がそれぞれ土地を保有している場合は、一冊の登記手帳にまとめて記載することができる（二〇〇六年州土地法第二四条三項）。法律の条項では夫婦が保有する土地を一冊にまとめる場合は共同保有（common holding）になると書かれているが、実態は、土地再分配によって夫婦として土地を割り当てられたのでなければ、一冊の登記手帳に二者の保有する土地がそれぞれ記載される。夫婦のうち片方しか土地を保有していない場合は、登記手帳には土地を保有してい

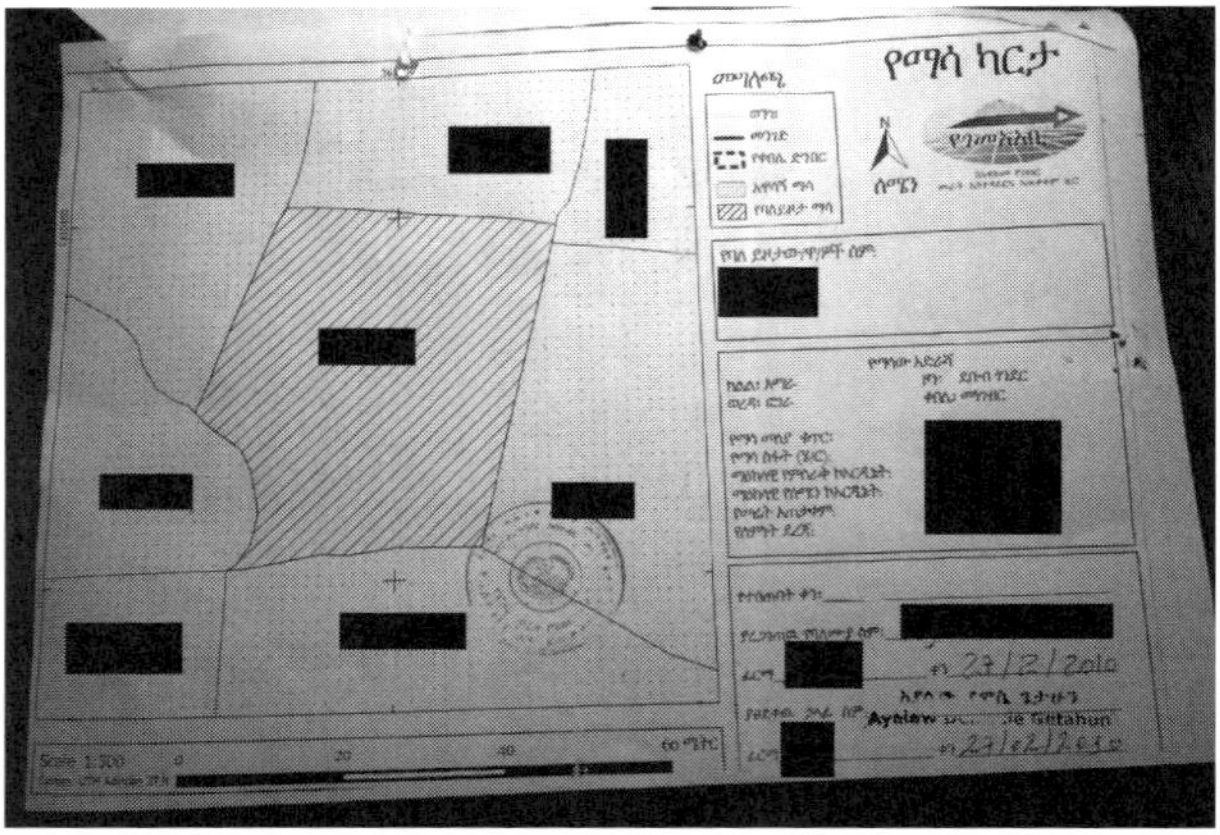

写真6-1　郡役所が保管している土地登記台帳。斜線部分が保有する土地（2019年8月16日、筆者撮影）

ない配偶者の氏名を追加する必要はない。離婚時の財産分与時には、その登記手帳に記載されている土地を二等分するのではなく、各自が結婚時に保有していた土地を取り戻す形になる。したがって、土地をもたないまま結婚した側は、結婚後に夫婦で土地を新たに取得したのでなければ、離婚時に土地を分割して受けとることはない。婚姻時に各自が保有していた土地も、それぞれが登記手帳を保有していれば、離婚時に保有権についてもめることはほとんどない。夫婦で一冊の登記手帳を作成した場合は、登記されている土地がどちらに所属しているのかは登記手帳に明記されていないが、郡土地管理局によると、個別の保有情報については村落地区レベルで記録されているということであった。

一方、登記手帳の記録で夫婦の共同保有になっている土地の場合は、離婚時に平等に分割されるとは限らない。たとえば、一九九一年の土地再分配時に夫婦で一ヘクタール分配された土地は、夫婦が共同で土地保有権をもっている「共同保有権」下の土地である。この点について人々は十分認識しており、離婚時には夫と妻に土地は分割される。しかし、第5章でも述べたとおり、一九九一年に分配された一ヘクタールが複数箇所に渡っている場合は、均等に分割することは困難であり、地区外から婚入してきた妻は、その社会では親族などの味方もおらず、社会的紐帯も弱いために夫と比べて社会的影響力に劣り、夫よりも狭い方の土地を受け取ることになる場合が多い。

郡土地管理局では、不公平な土地分配が行われた場合は、妻側は「必ず」訴えを起こすと語っており、裁判所の係争数において夫婦間の問題の数が多いことを考えると、離婚時に妻側が不公平な分配を常に受け入れているわけではないことがわかる。しかし、同時に、不公平な分配をしようという夫側の圧力が存在していることも示している。なお、夫婦の共同保有権は、この一九九一年の土地再分配のときだけでなく、後述の再割当可能地の土地再分配においても適用される。

(2)　法改正による初期の混乱と情報の浸透

この地域の土地登記は、上述のとおり二〇一〇／一一年に終了している。したがって、政府関係者などを中心に行った二〇一五年の筆者による調査は、登記終了から四年後ということになる。郡土地管理局によると、二〇〇六年州土地法施行直後と比べると、法律に関する情報が浸透したため、土地に関する訴えの数は減少しているということであった。もっとも多い土地問題は相続に関するものであり、次いで夫婦間の離婚時の財産分与、そして不法占拠、境界をめぐるトラブルということであった。三番目の不法占拠は、主に高齢の女性が被害者で、土地を貸していたはずが、賃借者から地代を払われずに保有権を主張されるといったケースである。

郡土地管理局によると、法律施行直後に訴えの数が急増したが、それは土地法における相続順位がこれまでの慣習とは異なっていたことが要因の一つであるという。まず、配偶者が遺された場合は、他地域へ移住したり、新たに結婚したり死亡するまでは、死亡した土地保有者の土地を使用することができる（二〇〇七年州土地管理・使用規定第一一条八項）。次に同規定第一一条七項では、遺書がない場合は以下のように相続順位が設定されている。

第一位：未成年（一八歳以下）の子、その子どもがいない場合は（住居および生計をともにする）世帯員（family members）。[*15]

第二位：土地を保有していないが生計手段として農業に従事しているまたは従事することを希望する成人した息子と娘。

第三位：（別の場所で）土地を保有し農業に従事している成人した息子と娘。

第四位：死亡者に未成年の子、成人した子、世帯員、同居していた後見人などがいない場合は、農業に従事している親。

この条項は、土地の保有において、弱者に高い優先順位を与えるということを意図している。二〇〇六年州土地法にある土地保有権の原則として、「土地分配時には、女性、障害者、孤児に優先順位を与える仕組み（working system）が施行されるものとする」（二〇〇六年州土地法第五条六項）と定められていることに基づいた条項である。この規定は、結婚する息子が独立する順番に土地を分割贈与してもらうこれまでの慣習とは異なる。この法律に基づけば、年長のキョウダイが土地を分割贈与してもらっても正式な登記を行っていなければ、親が死去したときには一八歳以下のキョウダイが土地をすべて獲得することになる。同法の施行当初は土地トラブルで傷害事件なども多発したという。しかし、郡土地管理局や土地管理委員会などが、日曜日の教会礼拝の後に開かれる集会などで周知に努めた結果、現在では法律の認知が進んできており、土地の相続に関する係争は減ってきているという。ただし、第7章で述べるように、土地トラブルの減少は、法律の認知向上の結果だけではなく、深刻化しつつある土地不足の問題に対して農民世帯が生存のためにさまざまな手段を講じている結果であるともいえる。

(3)　訴訟後の対応からみる法の執行力

国家権力の浸透度を把握するためには、法の執行力を確認することが一つの有効な方法であろう。郡土地管理局での聞き取りでは、裁判所で判決が出れば、人々はそれに従うことになると断言するなど、法の執行力について強い確信をもっていた。実際に農民に聞いてみても、裁判所の判決だけでなく、土地管理委員会の判断には基本的に従うという回答が一般的だった。

筆者は、土地の境界侵犯に関する事例について、その問題を解決した直後の村落地区土地管理委員会の委員やその他立会人から話を聞くことができた。この事例は、高齢者が、境界を侵犯して耕作を行っている若者について委員会に訴えたものである。委員会は、老人側の要求を認めて、両者および委員会委員らの立ち会いのもと、境界を画定するという作業を行っていた。なお、土地に関するトラブルの多くは、高齢者や女性が土地を貸して、その後借りた側がその土地の保有権を主張することから発生しているという説明がなされた。

村落地区土地管理委員会のメンバーは二一人だが、その立ち会いに参加したのは五人の委員と、村落地区事務担当官、土地管理エキスパート、警官の合計八人であった。五人の委員の通常の職務は、村落地区チェアマン、村落地区議会治安担当議員および女性問題担当議員、仲裁評議会評議員、村落地区土地管理委員会委員長である。この結果に対して若者側の反発はないのかという質問に対して、チェアマンからは、こちらは銃をもった警官が立ち会っているのだから反抗しようがなく、判決に従うのだと説明を受けた。

チェアマンの話でも、土地関連の紛争は年々減少しているということであった。二〇一四／一五年には五〇件程度だったが、二〇一五／一六年はあと一カ月を残すのみで二〇件しかないという。これは、新しく導入された土地法への理解が浸透することで土地紛争の数が減少しているという郡土地管理局担当者の話と合致している。

（4）従来の慣習とは異なる相続制度の運用

通常の土地保有権の変更については当事者の合意によって進められるが、遺産相続の場合については、郡の裁判所によって二〇〇六年州土地法や二〇〇七年州土地規定に従って分配される。相続する者同士のみで財産分与額を決定することはできず、裁判所によって法律にのっとって決定される。そのため、結婚時に親から非公式に土地を分与されていたとしても、正式に登記していなければ、一八歳未満のキョウダイがすべて相続することになる。調査では、結婚による土地贈与と土地登記における土地保有権の移転が同時に行われていない場合が多かった。なお、分割相続する場合でも、二〇〇七年州土地管理・使用規定第二三条に定められた〇・二五ヘクタールを下回る場合は、各自で保有することはできず、連名登記による共同保有となる。一九九一年の土地分配では夫婦で一ヘクタールを割り当てていたことを考えると、たとえば子どもが五人いた場合の分割相続では一人〇・二ヘクタールとなり、認められている最小土地区画面積の〇・二五ヘクタールを下回ってしまうため単独での登記はできない。そのうえ、〇・二ヘクタールでは、一世帯の生存維持レベルを大幅に下回っている（Berhanu, Berhanu, and Samuel 2003）。

土地の細分化は進行しつつあるものの、子ども全員に常に均等に分割贈与しているわけではない。現実にこのような細分化が生じているかというと、必ずしもそういうわけではない。J村落地区担当の土地管理エキスパートによると、連名登記になったとしても、実際にだれがその土地を使用するのかについては、法律で管理することはできないため、その使用はキョウダイ間の話し合いにゆだねられることになるという。また、土地不足の深刻さは周知の事実であり、農民世帯も子どもが農業ではない職業につくことができるように、教育を受けさせる傾向にある。そのため、土地相続による争いが頻繁に起きるわけではないということであった。なお、政府の役人や商人のように農業以外の職業についている者は土地相続の対象者から除外されるが、それに対する不服申し立てが行われた場合は土地管理委員会が審議することになる。少ない土地を分割相続するにあたって、農業に従事しない者が、他のキョウダイに対して土地保有権を主張することは難しい。

この条項に基づいた場合、一八歳未満の子どもであっても、子どもが八年生未満で農民になるのが確実な場合は土地を相続できるが、九年生以上に進んでいたら農業以外で生計を立てる者とみなし、一八歳未満の子どもとしての相続対象から除外されるというのがJ村落地区の土地管理エキスパートの説明であった。二〇〇六年州土地法第一二条で定められている「土地保有権を剥奪する条件」の中にある「農業以外で生計を立てている」という項目を、土地管理局が拡大解釈しているとも考えられる。この点については、たとえば、九年生以上の子どもが農業にはつかないと裁判所で宣言するといった手続きを踏んでいるのかは現段階では不明であるが、このような判断基準は法律には明記されておらず、実態をかんがみたローカル・ルールである可能性もある。

(5) 再割当可能地の再分配

エチオピア憲法では、土地所有権は国に所属していると定められている（憲法第四〇条）が、それを明確に示しているのが、再割当可能地の分配である。先述のとおり、アムハラ州の二〇〇六年州土地法第一二条では「土地保有権を剥奪する条件」を定めており、それに該当する者の土地保有権を剥奪することができる。調査地で多いのは、もはや農業に従事していない者や、遠隔地に居住している者の土地保有権剥奪である。しかし、このような再割当可能地の面積は限られている。二〇一六年三月には一二ヘクタールを三六人に分配したが[*17]、二〇一九年のJ村落地区の世帯数が一〇五八世帯であり全体の三％に過ぎない。世帯内に成人年齢に達した子どもが複数いる場合があることを考えると、再割当可能地を受けとれる者の割合は低い。

ただし、この仕組みからは、元々の土地保有者から国が保有権を剥奪し、他の人に割り当てるという制度が農民に受け入れられていることがわかる。土地不足が深刻な中、未使用の土地の存在を認める余裕がこの地域にないことが、この制度を受容する大きな理由の一つであろう。また、このような土地の再割当制度は、長年アムハラ州で行われてきた慣習であるルストと類似しており、完全に新しい制度というわけではない。現在の土地割当では、誰に土地を割り当てるのかを最終的に承認するのは共同体内ではなく、国家という外からの権威であるが、同じルストに所属する人々が話し合って土地を割り当てるという行為と大きな違いはない。この点もまた、人々が再割当可能地の分配制度を受け入れている要因の一つと考えられる。

注

＊1　引用は山﨑（二〇一六）によるサック（Sack 1986, 19）の日本語訳である。

＊2　Federal Rural Land Administration Proclamation No.89/1997.

＊3　現在でも有効な法律である一九六〇年に制定された民法第八四二条二項において、子どもの均等相続が規定されている。しか

し、第一一条の最低面積の設定は、親の土地をすべての子どもが均等に分割相続することができなくなることを意味する。今後土地不足がさらに厳しくなっていくことを考えると、この第一一条は、土地相続における紛争の火種となる可能性がある。

＊4　Amhara National Regional State Rural Land Administration and Use Proclamation No.26/2000.

＊5　The Revised Amhara National Regional State Rural Land Administration and Use Proclamation: Proclamation No.133/2006.

＊6　The Amhara National Regional State Rural Land Administration and Use System Implementation, Council of Regional Government Regulation No.51/2007.

＊7　ただし、牧畜民が多く住む西南部では大規模な農場経営を奨励するなど、地域によって農業政策に違いがある。政策文書では、人口密度が低い西南部では大規模商業農業に積極的に土地を割り当てるとしている（MoFED 2002, 38, 52）。ＥＰＲＤＦ政権の土地政策は、すべての地域の住民（西南部では牧畜民）の土地権利の安定をめざしているわけではない（佐川 二〇一六）。

＊8　二〇〇五年の総選挙以降の政府の方針転換の伏線として、対エリトリア戦争後の二〇〇一年に起きたＴＰＬＦ内での分裂問題が挙げられる。当時の首相であったメレス・ゼナウィが、反対派を追放し内部粛清を図ったことで、政権の強権化が進んだと指摘している先行研究もある（Aalen and Tronvoll 2009, 194; Chinigò 2015; Vaughan 2011, 629-632）。

＊9　地方分権化による大幅な権限委譲の方向性自体は、二〇〇二年に始まった「郡レベル地方分権化プログラム（District Level Decentralization Program）」ですでに定まっている（Mulugeta 2012, 59）。

＊10　ここでの「民主化」とは、民政移管、複数政党制選挙の実施を指し、民主主義体制が実現したことを意味しているわけではない（遠藤 二〇〇五、津田 二〇〇五）。

＊11　二〇〇〇年代に入ってから、エチオピアでは大規模土地取引の問題が指摘されている。二〇一〇年の段階で、三六四万ヘクタールの農地が企業によって保有されていることが確認されている（Dessalegn 2011, 51）。エチオピアの農民が保有する農地面積は一三三六万ヘクタールである（Central Statistical Agency 2011）ことから、企業による土地保有は全体の約二割と考えられる。現状では、企業による農場経営が拡大しつつあるものの、農業セクターの主な担い手はいまだ農民にある。

＊12　本項の情報は、二〇一五年一〇～一一月および二〇一六年七月に行った郡土地管理局および村落地区土地管理委員会委員などからの筆者聞き取りに基づく。

＊13　五つの村のうち、Q村とG村は統合して一つの下部委員会、他に一村を対象とした下部委員会、残り二村を統合した下部委員会の三つとなる。

＊14　J村落地区の議員は全員EPRDFの党員である。正確には、EPRDF傘下の民族党の一つであるアムハラ民族民主運動（Amhara National Democratic Movement, 一九九八年にアムハラ民主党 Amhara Democratic Party と改名）の党員であると考えられるが、人々の認識は、「EPRDFのメンバー」であった。ウステ郡では、一九九五年の第一回と第二回総選挙には野党からの立候補者がいたが、第三回以降は立候補者はEPRDFの党員のみになっている。

＊15　二〇〇六年州土地法第二条六項では、世帯員（family members）とは、「恒常的に土地保有者と共に生活し、生計を共有しているが、その本人には定収入がないすべての者」と定義されている。

＊16　南ゴンダール郡農村部の平均出生率は約五人である（Central Statistical Agency 2010）。

＊17　J村落地区事務所と同じ敷地内にあるJ町地区事務所担当者からの聞き取り。

第7章　農村における土地制度の実践——土地不足の中で創られる新しい慣習

第6章では、国家による土地政策について検討した。しかし、実際の土地制度は、国家が統制できる部分だけではない。既存の慣習や経済的・社会的状況などに基づいた人々の生活との相互作用によって変化していくものである。第7章では、調査地の土地制度がさまざまな要因に影響を受けながら、どのように実践されているのかを検討する。

調査地では、第5章や第6章で説明したように、ＥＰＲＤＦによって一九九一年に土地再分配が行われ、一九九〇年代後半からは土地登記や新たな土地法制定など土地管理制度の整備が進むなど、土地制度に大きな影響を与える出来事があった。一九九一年の土地再分配では、土地保有権を世帯単位から個人単位に付与するという大きな変化となった。土地再分配による土地の割当自体は一度しか行われなかったが、これまで実質的には認められていなかった成人女性の土地保有権が認知されるようになった。また、その後国家が導入した新たな土地管理制度も、個人単位での土地保有権についての認識を浸透させるものであった。

しかし、実際の土地制度は利害が対立するときだけでなく、日々の生活の中での個人が実践することで形成されていく。本節では、国家によって導入された土地管理制度を視野にいれつつ、日常生活における相続や結婚のような出来事に注目して、どのように土地制度を実践しているのかを検討する。

一九九一年の土地再分配は、これまでほとんど実現できなかった女性に土地保有権を与えて、女性自身の判断で使用することを可能にした。ただし、土地再分配自体は一過性のものであり、土地再分配後に成人した者は男女問わず土地を再分配されることはなかった。その後土地不足はさらに深刻化しており、若年層が親から土地の分割贈与を受け取ったとしても、生計を維持できる土地面積を確保することはできない。本章では、二〇一三年にQ村で行った調査結果を用いて、土地再分配以降、土地へのアクセスが困難となっている若年層がどのように生計維持しようとしているのかを解明する。

本章ではまず、調査地における土地をめぐる従来の慣習について概観する。さらに若年層の女性の土地保有状況を精査することで、土地制度がどのように実践されているのかを検討する。次に若年層の男女に、農業以外にどのような生計活動の選択肢があるのかを検討し、最後に今後の農村部の人々の生計活動の方向性について考察する。

調査対象としたのは、一五～三〇歳の年齢層の女性である。Q村村長の案内による二〇世帯と、教会に礼拝のためにやってきた人々の中でインタビューに応じてくれた五人によって提供された情報をもとに分析を進める。また、父母からの聞き取りでその世帯に複数の若年層女性がいる場合はその情報も含めた。女性本人にも該当年齢の子どもや姉妹がいる場合があり、それも含めると、一五～三〇歳のデータのサンプル数は合計三四人となる。同じ世帯出身者を使用することで、経済的な状況などの偏りがでることも考えられるが、ここではサンプル数を優先した。直接質問を行った一五～三〇歳の女性は二〇人であり、質問者の子どもや姉妹の一四人が追加されている。息子や兄弟など若年層男性一五人についての情報も使用した。

1　土地制度をめぐる慣習と土地へのアクセス

1－1　結婚の慣習と土地保有権

第4章第1節のルストの項で説明したとおり、調査地の居住者の多くが信者となっているエチオピア正教会の教義では、さかのぼって六世代以内に共通の祖先がいる者との婚姻を禁じている。アムハラの農村は共通の祖先をもつ集団（ルスト）における世襲に基づく分割相続によって形成されてきた。同じ村の場合はこの禁忌を犯す恐れがあるため、女性は出身地外へと嫁いでいく傾向がある。

多くの場合、結婚相手は親同士の話し合いによって決定される。アムハラに関する先行研究（Fafchamps and Quisumbing 2005; Hoben 1973; Women's Affairs Office and World Bank 1998）と同様、二〇〇三年までに行った調査地での聞き取り調査でも、男女双方が同じ価値をもつ持参財を準備することになっていた。通常は同数の家畜（特に去勢牛）と若干の現金などである。持参財として準備されたこれらの財産は、親に渡されるのではなく、夫婦世帯のものとなり、離婚時には女性は持ってきた財産を持ち帰る（Hoben 1973, 59; Women's Affairs Office and World Bank 1998, 15–16）。ただし、主な持参財は家畜なので、結婚後にその家畜が死亡した場合は持ち帰ることはできない。

同額の財産を男女双方が持参するという慣習のために、結婚は、ほぼ対等の資産をもつ家同士で行われる。しかし、土地に関しては、夫方居住婚ということもあり、男性側が親世帯から独立する際に親から土地を譲与してもらうため、土地は夫に帰属した（Hoben 1973, 61–62）。

第3章の表3-2（四三頁）で示したように、J村落地区では、J町と比較すると女性世帯主の割合が低い。Q村村長やJ村落地区役所の職員によると、J村落地区に居住する女性世帯主のほとんどが寡婦であり、親元に戻ってくる場合はあるが、離婚後村落地区内で女性世帯主として生活する場合は少ないということであった。ＥＰＲＤＦ政権以前であっても、寡婦の場合は、夫が遺した土地を本人または子どもが保有し、農業を営むか、貸し出すことが可能であった。しかし、離婚した場合は、土地は本来夫に帰属するものとされていたため、女性が婚入先で夫の土地を分割して保有することはできなかった。離婚したのちは、親元に戻って再婚をめざすか、町へと移住して非農業就労について自ら生計を立てるといった選択肢がある。

1−2　土地再分配以降の土地へのアクセス

J村落地区では、一九九一年のEPRDFが行った土地再分配によって、土地保有権に関して大きな変化を経験した。たとえ婚入先の土地であったとしても、女性に土地保有権が与えられ、離婚したとしてもその土地保有権を保持することができるようになった。

しかし、土地再分配が行われた一九九一年以降、政府が新たに土地を割り当てることは成人男女ともにほとんどない。耕作放棄地が生じたときに、村落地区レベルで土地をもたない者を対象に定期的に分配するのみである。したがって、親の保有する土地を分与してもらう以外には土地を獲得する機会はほとんどなく、土地を保有していない男性は、土地を保有しているが自分で耕作できない女性世帯主や高齢者から土地を借りるなどして、土地へのアクセスを獲得してきた。

土地を保有できなかった場合、男性に関していえば、先行研究から、居住している地域において経済活動を継続するのであれば、上述のように土地を借りて農業経営を継続するか、他人の圃場で農業賃労働に従事するという選択肢があることが明らかとなっている。居住地外へ就労機会を求める場合は、短期的な出稼ぎ労働や恒久的な都市部への移住による非農業就労となる（Aklilu and Tadesse 1994; Yohannes 1997）。一方、女性については、元々女性に土地保有権をもつ機会がほとんどなかったために、土地不足が女性の生計にどのような影響をもたらしたのかについては、ほとんど検討されてこなかった。一九九一年の土地再分配では女性にも土地保有権が与えられたものの、一過性のものであり、新たに国から土地を割り当てられていない。現在女性はどのように土地を獲得しているのだろうか。以下、土地再分配以降の女性の土地保有権の状況に注目しながら分析を進める。

2　若年層の土地保有状況と経済活動

調査対象となったQ村の二五世帯については、一世帯を除いた二四世帯は農業に従事していた。農業に従事していない一世帯は、土地をもたない寡婦世帯であり、本人は日雇いでの農業賃労働、息子は出稼ぎ労働に従事していた。この一世帯を除いた二四世帯のうち、二一世帯は土地を保有しており、残り三世帯は保有していない。この三世帯のうち二世帯は親の土地を親と共同耕作しており、一世帯は土地を賃借している。また、農業に従事している世帯についても、確認できただけで夫または息子が出稼ぎ労働に従事している世帯が、二四世帯中一三世帯と過半数を超える。

この二五世帯のうち、一五～三〇歳の女性の生計活動についての分析を進める。情報を収集できた一五～三〇歳の女性三四人の内訳をみると、まず、調査地に居住している女性二五人については、夫とともに農業を行っている既婚女性が一四人、親キョウダイとともに農業を行っている離婚女性が一人、息子とともに農業を行っている寡婦一人、土地をもたず日雇い労働に従事している寡婦[*1]一人、親元での家事労働二人、学生六人となっている。

調査地に居住していない女性についても九人の情報を得た。まず、村落地区外に嫁いでそこで農業を行っている既婚女性が一人いる。残り八人は、バハルダルやアディスアベバなどの都市部に居住している。非農業就労六人（内二人は学生でもある）、求職中一人、学生一人となっている。したがって、三四人のうち農業経営に従事している者は一七人、農外就労者一人、非農業就労者は六人、無償の家事労働従事者二人、求職中の無職一人、学生七人である。

表7-1は、この三四人のうち、農業に従事している一七人についてまとめたものである。この表から三つの点を指摘することができる。第一に、女性が結婚時に親から土地を分割贈与してもらっていることである。第二に、夫側も妻側も用意できる土地の面積がひじょうに小さいことである。第三に、世帯当たりの土地面積が小さいことを反映して、多くの男性が遠方に出稼ぎに出て不在だったことである。出稼ぎの重要度が以前よりも増していると考えられ

表 7-1　農業経営を行っているQ村若年層（15～30歳）の女性の所属世帯の土地保有状況（2013年、女性の土地保有面積順）

調査番号	年令	婚姻	土地保有面積(ha)			備考	農業以外の経済活動	就学歴	
			合計	本人	夫			本人	夫
2013Q7	26	既婚	0	0	0	夫の母の土地0.5haを耕作している	教会学校の教師として単身赴任。農業は妻が行っている	0	公教育0 教会学校終了
2013Q16	30	既婚	0	0	0	夫の母の土地0.75haを耕作	夫は北部(フメラ)に出稼ぎ	0	0
2013Q15	29	既婚	0	0	0	借地0.5haを耕作。地代は収穫の半分	教会学校の教師として単身赴任。農業は妻が行っている	0	公教育0 教会学校終了
2013Q11	30	既婚	0.5	0	0.5		夫は北部(フメラ)に出稼ぎ	0	0
2013Q20	30	既婚	0.75	0	0.75		夫は北部(フメラ)に出稼ぎ	0	公教育0 教会学校終了
2013Q24	30	既婚	0.75	0	0.75		夫はショワで日雇い労働、または北部(フメラ)・南西部(ワッラガ)に出稼ぎ	0	公教育0 教会学校終了
2013Q14	29	既婚	0.0625	0	0.0625		夫は北部(フメラ)に出稼ぎ	4	0
2013Q12	27	既婚	0.0625	0.0625	0	結婚時に土地を親から贈与。夫も親から土地贈与の予定	夫は北部(フメラ)に出稼ぎ	0	NA
2013Q5	25	離婚	0.0625	0.0625	—	結婚時に双方が土地を親から贈与。離婚後出身地(Q村)に戻る	—	3	NA
2013Q1	27	既婚	NA	0.0625	NA	結婚時に双方が土地を親から贈与	NA	NA	NA
2013Q2	25	既婚	0.125	0.0625	0.0625	結婚時に双方が土地を親から贈与	夫は北部(フメラ)に出稼ぎ	0	0
2013Q25	26	既婚	NA	0.125	NA	結婚時に双方が土地を親から贈与	夫は北部(フメラ)や南西部(ワッラガ)に出稼ぎ	10	2
2013Q21	29	既婚	0.75	0.125	0.625	結婚時に双方が土地を親から贈与	夫は北部(フメラ)や南西部(ワッラガ)に出稼ぎ	0	0
2013Q18	29	既婚	0.5	0.25	0.25	結婚時に双方が土地を親から贈与	NA	0	0
2013Q22	29	既婚	0.5	0.25	0.25	結婚時に双方が土地を親から贈与	夫は北部(フメラ)に出稼ぎ	0	0
2013Q17	28	既婚	1	0.5	0.5	結婚時に双方が土地を親から贈与	NA	0	NA
2013Q13	30	死別	0.5	0.5	—	夫の死後も婚入先(Q村)に居住	—	0	NA

出所：筆者作成。

る。以下、順番に検討していく。

2−1　結婚時の土地の分割贈与

これまでの先行研究では言及されていなかったが、今回の調査では、結婚に際して、夫だけでなく自分も親からの分割贈与によって土地を得た女性が存在していた。一七世帯のうち、八世帯は夫婦双方が親から土地を分与してもらっており、[*2]他の一世帯はまず妻が土地を親から分与してもらい、夫側については親からの分与を待っている状態であった。したがって、結婚経験者一七人の女性のうち半数以上の九人が結婚時に親から土地を分割贈与によって受け取っていたことになる。

調査地に居住する複数の農民に確認したが、結婚の際の持参財に土地が含まれるようになったのは、ＥＰＲＤＦ政権以降、特に二〇〇〇年前後から行われるようになったという。[*3]比較的新しい慣習であり、本調査でも一七世帯すべてが結婚時の夫婦双方が土地を分与してもらっているわけではない。しかし、男性側と女性側の両方が土地を持参財として用意しないと、現在では結婚は難しいであろうという意見が現地では多く聞かれた。これまで持参財として最重要視されていた牛耕のための雄牛は、保有している土地が狭いのでもはや多くは不要であり、必要なのは土地であると語る者もいた。伝統的に牛が重視されてきたとしても、実際の生活で不要であれば、持参財としての価値は下がる。

写真7-1　お母さんは畑で雑草摘み、こどもは牛番
（2011年8月17日、筆者撮影）

写真7-2　殺虫剤をまく様子（2008年7月26日、筆者撮影）

二〇〇三年の調査段階ですでに結婚していた男女については、双方が土地を持ち寄るという慣習が浸透していく過渡期に当たっていたと考えられる。土地を女性の持参財に含めていた九世帯に続くのが、夫のみが土地を保有している四世帯、夫婦ともに土地を保有していない三世帯が続く。土地を保有していない場合は、夫の母の土地を耕作している世帯が二世帯、小作として人の土地を耕作しているのが一世帯である。残る寡婦世帯の女性世帯主も土地を保有しているが、この土地の取得経緯は不明である。

このように男性側と女性側の両方が土地を用意する場合、これまでのように遠方から女性が嫁いでくるのでは自分たちで女性の土地を耕作することができない。そのため、共通の祖先に関する禁忌を犯さないという条件を満たしつつも、親の居住地ができる限り近いことが望ましいことになる。このデータから示すことはできないが、この調査に協力した父親は、以前と違って最近は比較的近隣に居住している人と結婚するようになってきたと述べている(2013Q2)。出身地がQ村内である女性が今回の調査では五人いたが、そのうち四人が結婚時に土地を用意していることからもこの傾向は推測できる。それ以外の出身地の女性の保有している土地についても人に貸すのではなく自分たちで耕作していることから、徒歩圏内に親から女性に贈与された土地があると考えるのが妥当であろう。

男女ともに土地保有権を持参して結婚するという慣習が生まれることになる素地が、歴史的にあるのだろうか。男女双方が土地保有権をもって結婚するという形式は、帝政期のルストと類似しているともいえる。ルストは本来双系制であり、妻もルストに基づいて土地保有権を主張できるとされていた。ただし、実際には夫方居住婚であることと、結婚相手はさかのぼって六世代以内に共通の祖先がいてはならないというエチオピア正教会の教義のために、婚入先が村外となる場合が多く、結婚後にルストの権利を行使することは稀であった。また、デルグ政権時代にルストの概念に基づいた土地保有権は消滅したともいわれている。

今回の土地保有権については、形式的なものではなく、実際に親から娘へと土地保有権が移るという点が、ルストとは異なっている。このような慣習が効力をもった背景には、一九九一年の土地再分配にあたって、個人単位での土

表 7-2　15 ～ 30 歳既婚／離別／死別女性世帯の世帯全体の土地保有面積分布（2013 年）

土地保有面積	世帯数
0ha*1	3
～0.25ha*2	4
～0.5ha	4
～0.75ha	3
～1ha	1
NA*3	2
合計	17

注：*1　寡婦世帯1世帯を含む。
　　*2　離婚して実家に戻った女性（0.0625ha保有）が含まれるが、実家の土地保有面積は不明。
　　*3　夫の保有面積は不明だが、妻がそれぞれ0.125ha、0.0625haを保有。
出所：筆者作成。

地保有権を国家が保障し、それを社会が受容したことや、土地登記のプロセスを通して土地保有権に関する意識が高まったことなども要因であると考えられる。

2-2　土地のさらなる細分化

　しかし、たとえ夫婦双方が持参財として土地を用意したとしても、その保有面積はひじょうに小さい。女性が「持参」した土地面積は、〇・〇六二五～〇・五ヘクタール（現地の単位で一／四～二カダ）であり、もっとも多かったのが、〇・〇六二五ヘクタールの四人である（離婚女性一人を含む）。夫婦の土地を合計したとしても、保有できる面積はひじょうに小さい。表7-2に示すように、一ヘクタールを保有できているのは一世帯のみであり、それ以外はすべて一ヘクタールを下回っている。これは、一九九九年の調査時には、調査対象世帯六割近くが一ヘクタールを保有していたのとは対照的である（第5章表5-1、八一頁参照）。一九九一年の土地再分配時には成人一人当たり〇・五ヘクタール、夫婦で一ヘクタールを受け取っていたことを考えると、土地再分配後に成人した世帯が保有できる土地面積はさらに細分化されている。

　このような細分化は、土地譲渡による土地登記変更手続に対する障害となる。二〇〇七年州土地管理・使用規定第二三条では、土地登記できる最小土地区画面積を天水農地で〇・二五ヘクタールと定めている。土地を保有していない世帯は一七世帯のうち四世帯であり、それを除いた一三世帯のうち七世帯は、区画単位で考えると〇・二五ヘクタールを下回る土地しか保有していない。これらの土地については最小区画面積の条件を満たしておらず、単独では登記を行うことはできない。

彼らは分割贈与によって土地を受けとったとしているが、正式に土地登記変更の手続きをとっているのかについては確認できなかった。最小土地区画面積を満たしていない場合は共同保有でしか登記できないことを考えると、多くの世帯で正式に登記変更の手続きをとっていないと考えられる。

子どもが結婚するたびに土地を分割贈与していくと、年少の子どもが成人して結婚するころにはすでに分与する土地がない可能性が高い。今回の調査では、唯一ではあるが、男性が女性側に結婚で移住したという事例があった。男性は兄弟の中で年少であり、親からもらえる土地が少なかったため、女性側の家族と隣接したところに男性が移住してきて女性の父親の土地を共同で耕作しているという（2013Q2）。父親が娘の夫に土地保有権を与えることはないが、将来的に娘に土地保有権を分割贈与して、娘夫婦がその土地で耕作を行うだろうと父親は考えていた。女性側のキョウダイが、兄一人のみであるのに対し、男性側には複数のキョウダイがいたための選択であろう。

2-3　夫の出稼ぎ労働

保有する土地面積が生計を維持するには狭すぎるゆえであると思われるが、夫のほとんどが遠方への出稼ぎなどで不在であることも、若い世帯の特徴といえる。既婚女性の夫の一五人のうち一二人（残り三人については不明）、寡婦の息子一人の計一三人は調査地を離れて出稼ぎや単身赴任などで不在であった。主な出稼ぎ先は、コーヒー生産地である西南部オロミヤ州にあるワッラガ、ゴマ生産地である北部ティグライ州のフメラである。フメラは、第5章の調査時（一九九九年）には言及されていなかった出稼ぎ地である。

フメラは、大規模農場によるゴマ生産が二〇〇〇年以降拡大することで、急速に季節労働者の雇用を拡大していた地域である（van der Mheen-Sluijer and Cecchi 2011, 3）。ゴマ生産では、七～九月の雑草除去の時期と、九月後半から一一月終わりまでの収穫時期に季節労働者の需要が高くなる（van der Mheen-Sluijer and Cecchi 2011, 9）。そのため、季節労働者は七～一一月の間にフメラに向かう。本調査が行われた二〇一三年一〇月もこの時期であり、調査対象者の夫の多くがフメラに出稼ぎ労働に行っていた。実際にフメラに出稼ぎに行っていた男性によると、低地にあるため温度が高く過酷な労働環境である上に、伝統的な主食であるインジェラが入手できず食環境も貧しいため、一カ月程度の労働期間が限界であるとのことであった。二〇一一年の聞き取りでは、フメラでの労働に対する賃金は、月一〇〇〇ブルだった。*4 一方、コーヒー生産地へのアムハラ州からの出稼ぎは長い歴史をもつ。コーヒーの出稼ぎは八月から三月まで続く。*5 八～九月がコーヒー畑での剪定や雑草除去、一〇月から一二月にかけて収穫時期、そこから三月までがコーヒー豆の出荷時期となる。一〇～一一月は、調査地でもテフや小麦、トウモロコシなど多くの農作物の収穫期に当たる。この時期は、ゴマやコーヒーの出稼ぎ期間と重複しているが、この点について出稼ぎ経験者の男性に聞いたところ、調査地での土地保有面積が小さいため、短期間調査地に戻ってくれれば十分対応できるので問題ないという回答であった。

なお、エチオピア正教会の教会学校の教師として夫が単身赴任して長期不在となっている事例が二つある（2013Q7, 15）。この二つの事例では、妻が、通常男性が行うものとされている牛耕も自ら行っているという。土地面積が小さいので女性でも対応可能であるという側面はあるが、生計維持のためには伝統的な性別役割分業にこだわっている場合ではないともいえる。

本節では、農業に従事している若年層女性の世帯の土地保有状況と経済活動について確認した。そこで明らかになったのは、夫婦それぞれが土地を用意するという結婚での新たな慣習に基づいて、より多くの土地の保有権を確保しようとしている姿である。しかし、このような対策を行ったところで、調査地の土地面積は拡大しないため、土地の細分化が進んで生存維持レベルを下回っている状況にある。そのため、農業だけでなく、夫が遠方に出稼ぎに出ることで生計を維持している。

将来さらに土地が細分化されていくことが明らかなときに、Q村にそのままとどまって農業と出稼ぎ労働で生計を維持することが正しい選択なのだろうか。次節では、農業就労をしていない調査対象者と調査対象者のキョウダイをとりあげて、その生計活動について検討する。

3　農業経営以外の選択肢としての都市部への移出

前節でみたように、Q村では農業だけでは生計を維持することは困難であり、多くの男性が出稼ぎによって収入を補填していた。前節でとりあげた農業に従事している女性以外の調査対象者の生計活動から、農業以外にどのような選択肢があるのかを検討する。対象となったのは、女性一七人、男性一五人である（表7-3参照）。

3-1　一五～三〇歳の女性の生計活動

この項では、一五～三〇歳の女性が、農業経営以外にどのような生計活動を選択しているのかを検討する。調査対象者三四人から農業経営従事者一七人を除いた半数にあたる一七人である。この中には学生が七人含まれている。学生を除いた一〇人のうち六人が首都アディスアベバやアムハラ州の州都バハルダルで非農業部門に就労していた。そのうち二人は、学校に通いつつ住み込みの家事労働者となっており、他一人も家事労働者である。残りの三人の職業の詳細は不明だが非農業就労に従事している。

Q村に残っている四人のうち一人は職業訓練校（二年）を修了後求職中である。二人はQ村の実家で無償の家事労働を行っている。内一人は離婚後実家に戻っており、もう一人は未婚である。残る一人は寡婦として農業での日雇い労働に従事していた。Q村では非農業部門への就労機会がほぼないことから、農業以外の就労機会を求めるのであれば、都市部に移住することが必要となる。

また、前項の農業経営が主な生計活動である一七人と比較すると、ここで分析対象とした一七人の就学歴は高い。前者については、一七人中一三人には就学経験がまったくなかったが、後者の一七人については、七人の学生も含めて一五人に就学歴がある。就学歴がないのは、夫と死別した女性（三〇歳）と離婚して実家に戻った女性（二三歳）の二人のみであり、あとは就学歴一年のみの女性が一人いる。それ以外は三年生から職業訓練校修了者まで就学歴にばらつきはあるものの、比較的長い期間の就学経験がある。

さらに、年齢が前者は二五歳以上なのに対し、後者は一六～二五歳の女性一六人と三〇歳の寡婦一人と、年齢構成も異なっている。現在は就学や都市部での就労などをしているが、二五歳を過ぎたら農村部に戻って農家に嫁ぐ可能性も考えられる。しかし、前節で検討してきたように、都市部から戻ってきて、限られた面積の土地保有しかできない農業を選択する可能性は低い。Q村の親への聞き取り調査では、この土地での農業には限界があるので、子どもは学校に行って農業以外の仕事に就くことができればいいという意見を聞くこともあった。女子教育についても、娘が学校の先生になれればよいという希望を語る親もいた。女性を取り巻く経済・社会的環境にも変化が生じていたのである。

近年の大きな変化としては、都市部の経済発展による雇用需要の増大や、二〇〇〇年から始まったミレニアム開発目標を背景とした就学機会の大幅な改善などを挙げることができる。これらの影響については、非農業部門の経済活動がさらに進んでいるJ町における女性の生計活動をとりあげた第Ⅲ部で検討を進める。

3-2　一五～三〇歳の男性の生計活動

調査対象者の兄弟のうち、若年層とされる一五～三〇歳の範囲にはいる年齢の男性は一五人であった。親と同居して、季節労働者としての出稼ぎと親の土地での農作業の両方を行っている男性がもっとも多く五人である。出稼ぎに言及がなく親の土地で農作業を行っている者が三人、長期出稼ぎ労働が二人である。都市部で就労している男性は二人であり、他に求職中が一人、学生が二人である。

男性の場合は、牛耕など主な農作業を男性が担っていることもあり、親の農作業を手伝える。女性が実家にとどま

表 7-3　非農業就労についている若年層女性の生計活動
および若年層の男キョウダイの生計活動（2013 年）

調査番号	性別	就学歴	年齢	居住地	経済活動	婚姻歴
2013Q23	女	0	30	Q	農業での日雇い	寡婦
2013Q3	女	0	23	Q	無職（実家で家事労働）	離婚
2013Q24	女	1	15	Q	無職（実家で家事労働）	未婚
2013Q11	女	6	15	アディスアベバ	雇用家事労働者（学生）	未婚
2013Q13	女	3	15	アディスアベバ	雇用家事労働者（学生）	未婚
2013Q8	女	5	15	アディスアベバ	雇用家事労働者	未婚
2013Q6	女	10	20	アディスアベバ	非農業就労	未婚
2013Q10	女	3	21	バハルダル	非農業就労	未婚
2013Q3	女	5	18	バハルダル	非農業就労／日雇い	未婚
2013Q9	女	修了（10＋2）	22	Q（暫定）	無職（求職中）	未婚
2013Q3	女	4	16	Q	無職（学生）	未婚
2013Q16	女	8	16	Q	無職（学生）	未婚
2013Q12	女	4	15	Q	無職（学生）	未婚
2013Q6	女	10	18	Q	無職（学生）	未婚
2013Q23	女	8	16	Q	無職（学生）	未婚
2013Q4	女	5	15	Q	無職（学生）	未婚
2013Q11	女	10	18	バハルダル	無職（学生）	未婚
2013Q6	男	2	25	アディスアベバ	非農業就労／日雇い	未婚
2013Q3	男	NA	23	バハルダル	商人	NA
2013Q23	男	0	18	フメラ／ワッラガ	長期出稼ぎ	未婚
2013Q13	男	6	18	フメラ	長期出稼ぎ	未婚
2013Q5	男	3	18	Q／フメラ	出稼ぎ／親と農業	未婚
2013Q8	男	4	18	Q／フメラ	出稼ぎ／親と農業	未婚
2013Q6	男	3	16	Q／フメラ	出稼ぎ／親と農業	未婚
2013Q10	男	7	18	Q／フメラ	出稼ぎ／親と農業	未婚
2013Q10	男	3	16	Q／フメラ	出稼ぎ／親と農業	未婚
2013Q1	男	0	23	Q	親と農業	未婚
2013Q9	男	7	18	Q	親と農業	未婚
2013Q4	男	4	18	Q	親と農業	未婚
2013Q20	男	4	15	Q	無職（学生）	未婚
2013Q4	男	7	16	Q	無職（学生）	未婚
2013Q4	男	10	21	Q	無職（求職中）	未婚

出所：筆者作成。

る場合は無償の家事労働に従事するのとは対照的である。なお、婚姻ステータスが不明な者もいるが、それ以外は全員未婚である。結婚するときに男性の方が年長になるという年齢差も関係しているが、三〇歳までに結婚するための十分な経済基盤が、土地保有も含めて準備できていない状況にあるといえる。

また、都市部への移住よりも、短期的な農業の季節労働者を選択している点も女性とは異なっている。男性は農業の季節労働者として就労し、女性は都市部で家事労働者になるという構図からは、農村部での性別役割分業の性格が労働移動においても適用されていることがわかる。

前節で取り上げた女性の夫たちは、二五歳の一人を除いて全員が三〇代以上であり、ここで取り上げた若年層の男性よりも年齢が上であるが、公的教育についての就学経験[*6]があったのは一人のみであった。若年層の男性については、就学歴がわかっている一四人のうち一二人に就学経験がある。ほとんど（一一人）が八年生までの義務教育レベル以下ではあるが、女性同様若年層の就学歴は上の年代よりも高くなっている。

第Ⅱ部では、調査地において、一九九〇年代以降アムハラ州で導入された土地管理制度がどのように運用されているのかを検討したのち、政策だけでなく土地制度全体の変容とそれに伴う人々の生計活動の変化を明らかにした。一九九〇年代後半から進められた土地管理制度の整備については、調査地では村レベルまで行政による土地管理制度が構築され、機能していた。土地不足の中で土地を分配するためには、ほかの世帯から土地をとりあげる必要があり、ある程度の強制力が必要となる。従来の慣習法や話し合いでは対処しきれない場合は、住民は公式な土地管理制度を利用せざるを得ない。土地管理制度が始まる前に、一九九一年の土地再分配によってある程度平等な土地保有の状態になっていたことも、比較的容易に新しい制度が受け入れられている要因であろう。

ただし、土地保有権の安定化だけでは、人口増に伴って深刻化が進む土地不足を根本的に解決することはできない。農村部に居住する人々は、この状況に対応するための生計戦略を考える必要がある。第7章では、現地調査を通して、国家による土地管理制度の整備と並行して新たな土地と結婚に関する慣習が創り出されていることを示した。しかし、このような土地へのアクセスを増やすための試みも、全体の土地面積の増加もなく分与し続ければ、土地の細分化を招くだけである。新たな慣習にしたがって、土地を男女で持ち寄ったとしても、親の世代と比べるとひじょうに小さい土地面積しか確保することができない。そのため、多くの男性が、収入を補うために季節労働者として出稼ぎにでている。二〇〇〇年以降に季節労働者の雇用機会を提供したのが、新たな輸出産品として生産を拡大しているゴマの生産地であるフメラである。土地不足の地域から、大規模土地投資によって生まれたゴマ農場に出稼ぎに行くという皮肉な構図となっている。

調査地での生計のみに注目して若年層の分析を進めると、土地不足に苦しみながらも土地へのアクセスを探し求め、それと並行して出稼ぎなどで収入を補うという生計活動が成立しているように一見受け取れる。しかし、土地にアクセスできず、農業以外への就労を求める場合は、調査地にとどまるのではなく、都市への移住を選択していることも明らかになってきた。

特に女性は、男性のように調査地を拠点として短期の出稼ぎ労働で収入を得るという選択肢がないため、その傾向が顕著であった。このような状況は、Ｊ村落地区の人口が二〇一四／一五年と二〇一九年で比較すると減少していることを説明している（表3-2、四三頁）。

土地不足が深刻化する中で、若年層ほど都市部に移住して非農業就労をめざす傾向にある。都市部でより高収入をもたらす非農業の分野で就職するためには、教育が重要な役割を果たす。国の教育政策による就学機会の向上や都市部の経済発展もその傾向を加速させる。第Ⅲ部では、その影響がより強く受けているると考えられるＪ町の若年層女性を中心に分析を進める。

注

＊1　ただし、夫の死亡後もそのまま婚入地にとどまっていることから、夫の親が土地を保有しており、息子が出稼ぎ期間以外に共同耕作している可能性はある。

＊2　内1人は離婚者であるが、夫婦双方とも親から土地を分与してもらい、離婚後は分与してもらった土地は引き続き女性本人の保有する土地のままである。また、寡婦も土地を保有しているが、土地の取得経緯が明らかでないため親から土地を贈与された八世帯には含めていない。

＊3　なお、持参財に土地を含むという慣習の変化は、Ｊ村落地区だけではなく、同じ南ゴンダール県西部のフォゲラ郡でも生じていた。この地域でもこの慣習は、ＥＰＲＤＦ政権になってからということであった（二〇一九年八月筆者聞き取り）。

＊4　二〇一一／一二年の為替レートは、一ＵＳドル＝一七・三ブルであった（National Bank of Ethiopia 2022）。

＊5　なお、二〇二〇年一一月に始まった連邦政府とＴＰＬＦとの間の内戦によって、ティグライ州への行き来が困難となり、現在アムハラ州からフメラへの出稼ぎのための行き来は困難となっている。

＊6　エチオピア正教会の宗教学校への就学経験があるものは三人いたが、ここでは公的教育ではないため、就学経験なしに分類している。

第Ⅲ部

「町」の役割——受け皿と中継点

第Ⅲ部では、J村落地区に隣接するJ町を分析対象としてとりあげる。J町は、人口三〇〇〇人程度の小規模な町であるが、定期市を開催して周辺農民に取引の場を提供することで消費・サービス都市として機能している。また、J町は商業や縫製業、飲食業などを中心に非農業就労の機会を提供する場ともなっている。生計維持が困難となりつつある村落地区に隣接する町の経済活動を検討し、この地域における町の役割を明らかにする。

J町の特徴は、非農業就労の機会を提供していることに加えて、女性の経済活動が周辺村落地区とは大きく異なっていることである。女性世帯主の割合が高く、土地を保有していない女性が多く経済活動を行っている。

第8章では、J町で行われている経済活動の特徴を分析したのち、J町における女性世帯主の割合の高さに注目し、二〇〇三年の女性世帯主に対する調査の結果から、その生計活動の特徴を検討する。第9章では、二〇一一年に若年層女性を中心に行った調査とその後の追跡調査をもとに、社会変容とともに女性のライフコースがどのように変化しているのかを考察する。

第8章 「町」における経済活動

1 J町概要——村落地区との比較を中心に

本節では、一九九八年から二〇一八年までの町の二〇年間の変化に注目しつつ、J町の概要について説明する。第3章でも説明したが、J町は、元々はJ村落地区に含まれる五つの村の中の一つであるJ村の定期市が開催される場所に過ぎなかった。この地域で定期市が開催された結果、商業活動やサービス業などが発展し、それに伴って末端の行政機関が設置され、学校も他の村に先駆けて開設されるなど、この村落地区の中心的機能を担うようになった。二〇一一年にはJ村は村地区と町地区に分けられ、町地域がJ町としてJ村落地区から独立し、別の行政地区となった。

インフラストラクチャーにおいても、J町はJ村落地区よりも整備されている。J村落地区にはまだ電気はないが、J町には二〇一〇年に電気が開通した。さらに二〇一七年には、J町からウステ郡役所のあるメカネイエススの間に舗装道路が、二〇一八年には南ゴンダール県県庁のあるデブレタボールまでの舗装道路が開通した。

J村落地区とJ町との主な違いとして以下の四つが挙げられる。

第一に、J町の居住者には非農業就労者が多い。町地区役所提供による二〇一四／一五年度の統計データでは、農業が主な経済活動とされている世帯は全四〇三世帯のうち四四世帯（一一％）であり、男性世帯主が一七世帯、女性世帯主が二七世帯で構成されている。ただし、女性世帯主は土地を貸している場合が多く、役所では、農地の保有者も農業従事者として扱っている可能性がある。さらに、男性世帯主についても、J町では非農業就労の機会が多いことを考えると、女性世帯主と同様に、土地を貸している場合も多いと推測される。この点については、本節後述の調査結果をもとに改めて確認する。なお、残りの三五九世帯（八九％）の主な経済活動は、商業や飲食業などの非農業就労である。また、J町地区とJ村落地区の行政機関のどちらもがJ町にあるため、この四〇三世帯に加えて、教師などを含めた公務員一七一人（男性八〇人、女性九一人）がJ町に居住している。[*1] このときの情報に関して、町役所には、公務員は地区の人口と別枠で扱っていると説明された。多くの公務員が数年で移動しているため、住民とは異なる待遇となっていると考えられる。

なお、一九九八年の調査では、複数の土地保有者から、J町およびJ村においても一九九一年に土地再分配が行われたという発言があった。当時は村落地区に含まれていたJ町でも土地が分配されたとしても不思議はないが、土地を保有していない世帯の割合が高い。その理由としては、一九九一年の時点ですでに非農業部門の経済活動が中心となっている世帯が多かったために再分配の対象にならなかった、もしくは再分配後の新規移入者が多かったことが理由として考えられる。

第二に、J町では女性世帯主の割合が高い。第3章の表3-2（四三頁）が示しているように、二〇一九年の段階で、J村落地区の一一％に対して、二〇一九年のJ町における女性世帯主の割合は三一％と高い。J町に居住する女性たちの多くは、定期市に来る農民を対象とした地ビール屋のような飲食業を営んでいる。ただし、J町該当地域における一九九八年の筆者調査では、女性世帯主は全世帯主の四五％を占めていたのに対し、二〇一九年のデータでは三一％と、一九九八年と比較すると、女性世帯主の割合は低い。この点については、役所のデータの信頼性の問題と、一九九九年にはJ町はJ村落地区から独立する前であるため、J町が地理的に確定したあととは対象地域が同一ではないことも考えられるため、J町では、女性世帯主が減少していると断言することはできない。しかし、二〇一九年八月

表 8-1　J町居住者*出身地内訳（1998 年）

	男性		女性		女性内訳			
					男性世帯主の配偶者		女性世帯主	
	n	%	n	%	n	%	n	%
J町／J村	57	(45)	76	(37)	31	(31)	45	(43)
周辺農業地域	44	(35)	106	(52)	48	(48)	58	(55)
都市部	11	(9)	12	(6)	10	(10)	2	(2)
不明	14	(11)	11	(5)	11	(11)	0	(0)
合計	126	(100)	205	(100)	100	(100)	105	(100)

注：* 世帯主およびその配偶者周辺村落地区から就学目的で居住している学生（男子13人／女子9人）を除く。また、調査当時はJ町として独立する前であり、行政区画としてのJ町とは若干異なる。
出所：1998年筆者聞き取り調査より。

に筆者が調査地を訪問した際の聞き取り調査では、複数のJ町居住者から女性世帯主の割合が減少傾向にあるという発言があった。女性世帯主にならずに結婚することが多いと話す女性もいたが、その理由は明らかにならなかった。

第三に、J村落地区では他地域からの男性の移入者はほとんどいないのに対して、J町には他地域からの移入者が男女ともに多いことが挙げられる（表8-1）。J村落地区の村では、土地不足のために人々は地区外へと移住する傾向にあったが、J町は移住者の受け入れ地域となっている。一九九八年の調査では、男性の場合、J町およびJ村出身者が四五％、他地域からの移入者が四四％となっている。女性についても、女性世帯主については他地域からの流入が五七％とJ町およびJ村出身者よりも多い。これは、別の地域から町への婚入後に離婚や死別などで女性世帯主になる場合と、女性世帯主として移入してきた場合の両方が考えられる。この点については第3節で改めて検討する。

第四の特徴は、イスラーム教徒の世帯が全体の一〇％程度を占めていることである（一九九八年筆者調べ）。これは、J村落地区の住民は全員がエチオピア正教の信者であるのとは大きく異なる。ムスリムとエチオピア正教徒との関係は、特に敵対関係にはないが、親密とは言い難い。教義上、自分たちの宗教の信徒以外が屠殺した肉を食べることは禁じられているため、ムスリムと正教徒が結婚式などの宴会で同席することは稀である。

J町におけるムスリム男性の主な経済活動は商業と織物業である。織物業は、手動の機織り機による伝統的衣装の製造を指す。一方ムスリムの女性は、アルコールを扱えないためこの地区の多くの女性が従事する地ビール屋に参入することはできず、喫茶店などでの接客業も宗教上禁止されている。さらに周辺の農家が季節労働者を雇う場合も、ムスリムを忌避することが多い。そのため、特にムスリムの女性については、エチオピア正教徒の女性と比較すると、従事できる職種がさらに限られている。

2　J町における経済活動（一九九八年）

J町における経済活動の特徴は、先述のとおり、世帯の約九割の主な経済活動が非農業部門だということである（二〇一四／一五年当時）。一九九八年の調査結果をもとに、当時のJ町に該当する地域における経済活動を概観する（表8-2）。表8-2のデータは、本人または配偶者による回答に基づいたものであるため、すべての経済活動を網羅していないものの、傾向は示すことができる。

2-1　非農業部門の経済活動

非農業部門の経済活動において、男性世帯主、その配偶者、女性世帯主によって就労する職種が異なっている。

(1)　男性世帯主

男性世帯主の場合は、商業、縫製業、織物業が中心である。商業従事者がもっとも多く、一二六人の男性世帯主のうち三四人、全体の二七％である。取り扱っている商品としては、もっとも多いのが市にやってくる農民対象の雑貨販売である。逆に農民から買い取るものとしては、家畜、穀物、豆類、蜂蜜、羊／ヤギの皮などがある。次に縫製業従事者が二七人と全体の二一％を占めている。足踏みミシンを使い、主に農民の依頼に基づいて衣服を仕立てる（写真8-1）。男性のみが従事しており、足踏みミシンを使用する女性はいない。それに続くのが、二〇人（一六％）が従事している織物業であり、ムスリムの男性によって担われる（写真8-2）。機織り機で伝統的な服やストールなどを織って定期市などで販売している。また、出稼ぎ労働者はいるが一一人（九％）と少なく、農業と出稼ぎ労働によって生計を維持する世帯がほとんどを占めていた周辺の村落地区とは経済構造が異なっている。

表8-2 職業別内訳*1（J町、1998年）

	J町地区相当地域		
	男性世帯主世帯*2		女性世帯主世帯
	男性世帯主	配偶者	女性世帯主
[n]	126	100	105
農業経営	28	2	3
保有地での耕作*3	27		3
兄の土地での共同耕作	1	0	0
商業	34	9	11
縫製業	27	0	0
織物業*4	20	0	4
出稼ぎ	11	0	0
公務員*5	8	0	1
長期雇用労働	6	0	0
日雇い労働*6	6		3
製粉所経営	3	0	0
飲食業	3	11	70
なめし皮職人	2	0	0
建築業(大工)	2	0	0
綿つむぎ	0	1	8
家事労働*7	0	75	NA*8
土地賃貸／地代収入*9	10		11
子からの仕送り*10	1		0
不明	9	4	12

注：*1 複数回答を含むため、合計は回答者数よりも大きい。また、学生(男子13人／女子9人)を除いている。
*2 男性世帯主には単身者が含まれるため、配偶者の数とは同数にならない。
*3 土地保有権の帰属の夫・妻・共同保有の区別については確認できなかった。
*4 イスラーム教徒のみが従事している。
*5 教師、農業省開発員、クリニック勤務など。
*6 農業のための雇用とそれ以外の雇用について質問では区別しておらず、両方の雇用労働を含んでいる。
*7 本人の回答に従っている。家事労働以外に、夫と農業での共同作業や近隣農家での日雇いでの農作業(雑草除去など)など単発的な経済活動を行っていると思われる。
*8 女性世帯主には家事労働についての言及はなかったが、家事労働も行っている。
*9 夫婦別の土地保有状況が不明なため、欄を統合している。
*10 仕送り対象が夫だけとは限らないので欄を統合している。
出所：筆者作成。

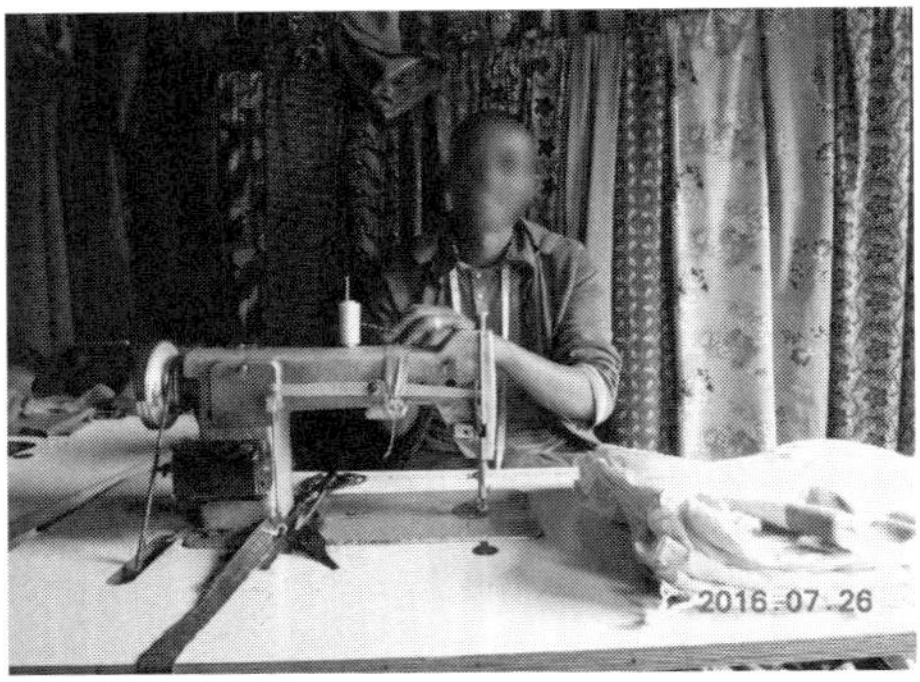

写真8-1　服の仕立ては男の仕事（2016年7月26日、筆者撮影）

写真8-2　織物業はイスラームの男性が担う（2007年8月28日、筆者撮影）

（2）　男性世帯主の配偶者

男性世帯主の配偶者の場合は、一〇〇人のうち七五人が主に家事労働に従事していると回答した。乳幼児を抱えている場合は、家事以外の経済活動を行うことは難しいと語る女性もいたが、それ以外の場合、実際には多くの配偶者がさまざまな活動を行っている。定期市のときに、紅茶を提供したり、ランタン用の油や香辛料などを小売りしている配偶者の女性も多い。回答でも、地ビールや紅茶を販売している配偶者が一一人いた。また、配偶者に限らず女性は、畑の雑草取りなどの作業で近隣の農家に短期で雇用されることもある。「仕事はなんですか」と質問したため、もっとも時間を費やす家事を挙げて、季節性もある農業での日雇いは回答されなかったと考えられる。

（3）　女性世帯主

女性世帯主においてもっとも多い経済活動は、自分で作った地ビール提供を中心とした飲食業であり、一〇五人のうち七割近くを占める七〇人が従事している（写真8-3）。この七〇人のうち六三人が地ビール屋を営んでおり、七人が紅茶販売である。次に多いのが土地賃貸と小売業中心の商業の各一一人であり、それに綿つむぎ（八人）が続く。

商業で扱う商品は、雑貨や香辛料、油など定期市にやってくる農民対象のものが多い。綿つむぎについては、綿を買って糸状にしてそれを機織り業者に売るというものである。なお、不明に分類した一二人のうち、一〇人が無職と回答した。そのうち二人は七〇歳と高齢で教会への奉仕活動などを行っているが、無職の女性世帯主がどのように生計を維持しているのかは明らかにならなかった。近隣の者を訪問して食事を分けてもらう場合もあり、子どもや親、パートナーなどからの支援をうけている可能性もある。パートナーについては改めて検討する。

（4）　非農業就労で可能になる頼母子講

J町では、J村落地区では行われていないさまざまな非農業部門の経済活動が行われている。このような違いを裏付けるものとして、J町における頼母子講の活動がある。頼母子講は現金収入のある都市部で行われる活動である。J町における頼母子講の方法は、週一回特定の金額を持ち寄り、毎週くじ引きを引いて当たった会員のうちの一名がその総額を受け取るというものである。会員の人数と同じ回数だけ開催され、会員全員が受け取った時点で講はいったん終了し、新たな講が始まる。J町での筆者による聞き取り調査では、一つの講の参加人数は九〜一二人であった（児玉 二〇〇九）。

写真8-3　J町。地ビール屋の様子。コップは多くがトマト缶を使用（2011年8月23日、筆者撮影）

エチオピアにおける頼母子講は、伝統的なものであるという説と、一九三六〜一九四一年のイタリア占領時代にイタリアによって持ち込まれたという説がある（Dejene 1993）。二〇〇七年に筆者が訪問したウステ郡の他の町でも、イタリアによる占領時に始まったという聞き取りがあったが、イタリア占領時期前後に現金経済が地方へも浸透した結果、頼母子講が普及していったと考えるのが妥当であろう。

二〇〇八年にJ村落地区Q村に訪問した際の農民への聞き取りでは、恒常的な現金収入がないため頼母子講は農村にはないという回答が複数あった。それに対して、現金収入のあるJ町では、頼母子講は活発に行われていた。

二〇〇八年のJ町での頼母子講に関する聞き取り調査では、既婚女性と比較して女性世帯主の中でも離婚女性の参加率が高くなっており、女性世帯主が非農業就労による現金収入をもとに頼母子講に参加していることがわかる（児玉 二〇〇九）。また、頼母子講は同じ講の中に男性、女性、そして女性の中でも女性世帯主や既婚女性が混在していることが多く、性別や婚姻ステータスとは関係ない形で設立されている。児玉（二〇〇九、二九一―二九二）の調査では、男女含めて調査対象となった二七人が参加している頼母子講の中で、女性世帯主のみで構成されているという講は一つのみであった。頼母子講は、同じ境遇の者が助け合うというよりも、きちんと講に出資できるのかを重視した活動だといえる。

2-2　農業と農地賃貸

一九九八年のJ町基礎調査をもとに、土地を保有している世帯について詳細を確認する。*2 表8-2によると、一九九八年の調査では、土地を保有している世帯は五一世帯である。その内訳は、農業経営を行っている三〇世帯（男性世帯主二七世帯／女性世帯主三世帯）、土地賃貸二一世帯（同一〇世帯／一一世帯）である。一九九一年に土地再分配があったことを考慮すると、男性世帯主の世帯が保有している土地は、その当時結婚していた男性とその配偶者のそれぞれに再分配時に土地を割り当てられていると考えられるが、質問事項では世帯の土地保有面積のみを確認しているため、男性世帯主の世帯と、女性世帯主の世帯で分類している。

（1）　男性世帯主の世帯

男性世帯主の世帯一二六世帯のうち三七世帯（二九％）が土地を保有していた。これらの世帯のうち自分もしくは妻が耕作を行っているのは土地保有者の約七割に当たる二七世帯[3]であり、そのうち他の非農業就労はなく、農業経営のみを行っていると答えたのは一九世帯である。回答を得られた世帯の保有している土地面積は〇・二五～三・七五ヘクタールと幅広いが、中心となるのは〇・七五ヘクタールを保有している世帯（二一世帯）であり、G村やQ村での既婚世帯への土地割当面積一ヘクタールに近い。一ヘクタールよりも多く保有している世帯は七世帯あるが、土地を獲得した経緯は不明である。エーゲが指摘しているようにEPRDF支持者に便宜をはかった可能性もある（Ege 2002）。

この土地を保有している男性世帯主世帯三七世帯のうち、世帯主の出身地がJ地区（J町もしくはJ村落地区）[4]であると答えた二二世帯については、一九九一年の土地再分配もしくは親からの相続によって土地を獲得した場合が中心と考えられる。それ以外の一五世帯については、土地再分配以前に世帯主が移入してきて土地を獲得したか、妻が土地を保有している可能性が考えられる。一方、農地を保有していない男性世帯主八九人の場合は、J地区出身者が三五人（三九％）、他地域からの移入者が五四人（六一％）となっており、移入者については、土地を保有していないために非農業就労に従事しようとしてJ町に来た可能性がある。

(2)　女性世帯主の世帯

女性世帯主世帯は男性世帯主世帯よりも土地を保有している割合は低い。女性世帯主一〇六人のうち一四人（八％）が土地を保有していた。女性世帯主の場合、自分や子どもが耕作を行っていると回答したのは三人のみで、残りの一一人は土地を貸し出していた。そのうち土地賃貸のみを行っている女性世帯主は三人で、残りの八人は飲食業や商業などにも従事している。

土地保有者一四人の中で、出身地がJ地区だったのは五人であった。ほかに土地再分配が行われた一九九一年以前にJに移住してきた者が六人[5]で、この計一一人については、一九九一年当時農村部居住として土地を割り当てられたと考えられる。残りの三人は調査直前の一九九七年、一九九八年にJ町に移住している。土地を獲得した経緯はこの調査では不明であるが、全員が土地を貸し出していることから、移住前の婚入地で土地を分配されたのちその土地を保有したままJ町に移住してきた可能性もある。

なお、土地を保有していない九二人の出身地の内訳は、J地区出身が四〇人、それ以外が五二人である。J町には、他地域から移住してきた土地をもたない女性が多く居住している。ただし、この調査では、女性世帯主になった経緯や、移住理由などについては確認していない。この点については、次節の二〇〇三年七月の女性世帯主を対象とした調査結果から検討する。

3　J町における女性世帯主（二〇〇三年）

J町が村落地区と異なる特徴として、多様な非農業部門の経済活動が存在していることを前節では示した。村落地区では、女性だけでなく男性も、農業経営や土地賃貸以外の経済活動は、農業での日雇い労働に限定されていた。そのため、多くの世帯が、男性の出稼ぎ労働によって収入を補填していた。それに対して、J町では、定期市の存在が、経済活動の多様化をもたらしている。

J町は、経済活動を行う主体として、男性だけでなく女性も多く受け入れている。そのため、村落地区と比較すると女性世帯主の割合が高い。二〇一九年の役所提供のデータでは、J村落地区における女性世帯主の割合は一一％だが、J町では三一％である。ただし、前節でみたように、女性が就労できる職種は主に自家製の地ビールなどを提供する飲食業に集中していた。

本節では、二〇〇三年の調査をもとにJ町で生計を営む女性世帯主のプロフィールを検討することで、農業以外で生計活動を営む女性にとって、J町がどのような役割を担っているのかを考察する。

3-1 女性世帯主の特徴

女性世帯主とは、単に、その世帯の筆頭者が女性であるということを示す言葉である。しかし、実際には多様な属性をもつ女性が含まれている。本節では、表8-3に示したように、女性世帯主を分類するにあたって婚姻歴に注目して未婚者、離婚者、寡婦で分類し、それぞれの特徴を検討する。使用するデータは、二〇〇三年七月にJ町の女性世帯主五四人を対象として行った半構造化インタビューの結果である。

未婚者一六人、離婚者一九人、寡婦一九人となっており、婚姻歴に基づいた分類では、意図したものではないが、ほぼ同数となっている(表8-3)。結婚後に離婚や夫との死別などがあることを反映して、平均年齢は若い順番に未婚者、離婚者、寡婦となる。出身地については、未婚者のほとんどがJ町出身者であるのに対して、離婚者、寡婦の出身地はJ町以外の出身者が多い。J町に婚入した後に離婚/死別したのか、離婚/死別後にJ町に移住してきたのかについては後ほど検討する。

この二〇〇三年の調査では、ほとんどの女性世帯主に就学経験がなかった。ただし、正式な就学はしていないが、単発的に開催される識字学級に通って最低限の読み書きができる者もいる。当時は女性世帯主に限らず、女性一般に就学機会がなかったため、就学経験がないことは女性世帯主特有の特徴というわけではない。二〇〇三年当時には周辺の村落地区に小学校がなく、多くの村落地区出身者には男女問わず就学機会がなかったが、J町の場合は、地区内に小学校がすでにあったため、地理的には小学校へのアクセスは容易である。それにかかわらずJ町出身者二七名中二名のみが就学経験があったと回答している。*6 したがって、就学経験の有無は、地理的なアクセスの問

表8-3 J町の女性世帯主の概要(2003年)

	未婚者	離婚者	寡婦	合計
[n]	16	19	19	54
平均年齢(歳)	34.2	37.5	45.0	39.2
出身地 J町(人)	14	7	6	27
J町以外(人)	2	12	13	27
就学経験者(人)	1	0	3	4
土地保有者(人)	1	2	2	5

出所:筆者作成。

題だけではないことがわかる。

就学経験がないことは、女性たちの行動範囲を狭める要因の一つになる。調査参加者の一人になぜ元の居住地から同距離にある郡役所のある町ではなく、J町を選択したのかを尋ねたが、その答えは、文字も読めないので大きな町に行くのは怖かったからというものであった（2003J10）。当時のJ町の居住者は、学校が存在していたにもかかわらず、男女ともにほとんど学校にいっておらず、周辺農村からの出身者も多い農村の延長のような地域であった。したがって、就学経験のない女性にとっては、大きな町よりも安心して移住できる土地であったともいえる。

以下、婚姻歴に基づいた分類にしたがって、出身地、年齢、就学歴、移住時期、現在の経済活動について検討する。

3-2　未婚者

未婚者の場合、一六人中一四人がJ町出身であり、他地域出身の二人のうち一人は、調査時四五歳で、三〇年前の一五歳のときに親の移住に同行してJ町に来ている。一人だけが、就労のためにJ町に移住している。アムハラの結婚の慣習では、両家が同じ資産を用意することが通例であり、それを用意できない場合は結婚が成立することは難しい。一六人の未婚者のうち、両親ともに死亡している者が二人、父が死亡している者五人、親が高齢や貧困などで援助はないと回答した者が四人となっており、親族からの経済的支援をあまり期待できない状況にあり、結婚が困難な経済状況だったと考えられる。

二〇〇三年の調査において、主な就労として挙げられたもののうち、もっとも多いのが地ビールを製造して提供する地ビール屋経営で七人、日雇いでの雇用が五人、綿紡ぎが二人、伝統的なバスケット製作一人である。ほかに無職が一人いるが、この女性は現在五五歳で子どもはおらず、周囲の人々から援助を受けているという。

これらの経済活動のほかに、子どもの父親や恋人からの援助がある。未婚者一六人のうち一二人に子どもがおり、その父親が子どものために資金援助をしてくれる場合もある。[*7] 確認できただけで五人はそのような援助を受け取っていた。子どもの父親または女性の恋人は、近隣の農民でしかも既婚者の場合が多い。

未婚者の場合は異性との関係において、他の女性世帯主よりもさらに脆弱な環境にある。たとえば、過去の就労経験の中で、未婚者にのみ見られるのが、「家事使用人（*Yebet Qalabi*）」と呼ばれる職種[*8]である。本調査では一六人中五人が経験者であった。四人は郡役所のある町メカネイエスで雇用され、一人はJ町での雇用である。この職種は通常使用される用語である「家事労働者（*Yebet Saratenya*）」とは異なる。「家事労働者」の場合は通常の家事労働のみであるが、ここでいう「家事使用人」の場合は、教師や公務員などで地方に赴任してきた男性の家に住み込んで家事労働を行うものであり、一種の契約「結婚」とみなされている。ただし、男性が転任するときや女性が妊娠したときにこの関係は解消されることが多い（Eshetu and Mace 2013, 101; Pankhurst 1992, 105）。左記の事例八－一のように、親や兄弟からの経済的支援が期待できない状況で「家事使用人」として就労し、妊娠して実家に戻ってくることもある。未婚のまま妊娠することは社会的には望ましいことではなく、兄たちは妊娠したことを非難したという。また、結婚することも困難になる。

〈事例八－一〉　J出身の女性世帯主――二六歳。就学経験なし。

一八歳のときに郡庁所在地のメカネイエスで教師が複数住んでいる家で家事労働者として雇用された。雇用主の教師のうちの一人の子どもを妊娠し、男児が産まれた。相手は息子だけよこせといったが拒否した。その後実家のあるJ町に戻り、一年ほど家事労働者として働き、雇用が終了したときに貰ったお金で地ビール屋を始めた。三年前に顧客（周辺農民）の一人の子どもを妊娠、女児を出産。娘の父親は特に援助はくれなかった。両親は農地をもっていて、高齢のため人に貸しているが、援助してくれるわけではない。兄が二人いるが、どちらもエチオピア南部のコーヒー生産地であるワッラガへ出稼ぎにいったまま戻ってこない（2003J39）。

非嫡出子がいたり、既婚者から援助をうけるような関係は、一夫一婦制を基本とするエチオピア正教の教えにおいては望ましいものではなく、公にすべきことではないとされている。したがって、非嫡出子をもうけた場合、正式な形で再婚することは困難になるなど社会的地位は決して高くない。

3-3　離婚者

離婚者の場合、一九人中七人がJ町出身、一二人が他地域からの移入者となっており、他地域出身者が上回る。なお他地域とはJ村落地区以外の農村部も含む。夫方居住婚であるため、結婚していた場所や離婚してさらに移動した場合もあるため、出生地とJ町に来る前に居住していた土地とがそれぞれ異なる場合も多いが、どちらにしても多くが農村部に分類される地域である。

離婚者の場合は、J町で結婚して離婚した場合と、離婚してからJ町に移住してきた場合の二つがある。後者の中には、J町出身で結婚のため婚出したが離婚して戻ってきた場合も含まれる。J町で結婚し離婚した者が五人、離婚でJ町に移動してきた者が一四人となっている。J町で離婚した後、町から出ていった者は捕捉できないため留保つきではあるが、離婚後に婚入地からJ町に移動してきた者が多いことがわかる。離婚すると嫁ぎ先の村に居住し続けることが困難であることからも、J町がそのような女性の受け皿になっていることを示唆している。

離婚で移住してきた一四人のうち三人は土地再分配が行われた一九九一年には結婚していたが、離婚後も土地を保有しているのはそのうち二人であり、その土地を貸し出している。離婚時に土地を保有できなかった一人については、代わりに牛をもらってそれを売却して現金を得たという。両親は離婚時には死亡したため、土地を確保するための支援もなく、また農地を保持したところで労働力の確保が難しかったとも考えられる。

主な就労としてもっとも多いのが、地ビール屋経営の一二人である。他には日雇い雇用が五人、小売業二人、土地賃貸二人、物乞い一人となっている。ただし、複数挙げられたものも含んでおり、地ビール屋経営者の中に、日雇いと土地賃貸の兼業がそれぞれ一人ずつ含まれ、日雇いと小売業を兼業しているものも一人いる。また、主な就業として挙げられていなくとも季節的な農業での日雇いなども行っている。

J町外から移住してきた離婚者の目的は、非農業就労のためであると考えられる。EPRDF政権下でJ町の経済が活発化してからの移住が八名でもっとも多くなっているが、帝政期末期である一九七三年に就労のために移住した者もいることから、早い段階でJ町では非農業就労が行われるようになっていることがわかる。

全員に子どもがおり、一九人のうち一三人に離婚後に生まれた子がいる。ただし、子どもの父親や恋人などから援助を受けていると答えたのは一人のみである。離婚者と未婚者で、子どもの父親からの援助の有無の割合が異なっている理由については不明である。

3-4　寡婦

寡婦の場合も、離婚者同様、一九人中六人がJ町出身者、一三人が他地域出身者と、他地域出身者が多い。ただし、移住理由は夫の死亡ではなく、結婚のためにJ町に移住してきたのちに夫が死亡した場合が多い。他地域出身者一三人のうち九人は結婚のためJ町に移住し、その後夫が死亡している。また、他の一人は教師である夫の転勤でともにJ町に移住してきた後、夫が死亡している。村落地区などにある婚入先で夫が死亡したのちJ町に移住してきた者は三人である。夫の死亡後にJ町に移住してきた理由として、土地をもたず、J町に居住する祖父や兄弟を頼って移住した者が二人であり、もう一人はJ村落地区内に土地を保有しており、夫の死後その土地を貸すことで収入を確保しつつ、J町に居住している。

J町出身の寡婦六人のうち四人は、周辺村落地区に婚出ののち夫が死亡して戻ってきている。この四人は土地を保有していない。J町で結婚したJ町出身者の一人のみが土地を保有しているが、その土地は貸し出されている。

土地保有者は、一九人中二人と少ない。その理由としては、非農業就労者のJ町居住者と結婚する場合は、結婚相手の男性が土地を保有していない場合が多いこと、そして比較的高齢者が多く、一九九一年の土地再分配時にはすでに夫が死亡していてJ町に移住していたために土地分配されなかった女性が多かったことが考えられる。

主な現金所得源は、複数回答で地ビール屋経営が一〇人、小売業三人、土地賃貸二人、日雇い労働一人、綿紡ぎ一人、教師だった夫の遺族年金一人、同居の息子の非農業就労二人、子どもからの仕送り五人、不明一人である。地ビール屋経営者の一人は土地賃貸も行っている。寡婦の特徴としては、他のグループよりも年齢層が高いため、その分成人している子どもの数が多いことである。成人している子どもがいるのは、未婚者二人、離婚者七人に対して、寡婦は一三人である。子どもからの仕送りについては五人しか言及していなかったが、子どもからの金銭的援助を受け取っている場合も多いと考えられる。

第7章で示したように、二〇一三年の時点で村落地区における世帯当たりの土地保有面積は生計維持レベルを下回っており、若年層は村落地区から都市部へと移住しつつあった。本章では、消費・サービス都市として機能しているJ町における生計活動について、女性を中心に分析を進めた。一九九八年や二〇〇三年の調査では、J町は周辺村落地区から就労機会を求める人々の受け皿として機能していた。J町は周辺の村落地区には欠落している非農業部門の多様な経済活動を提供しており、女性にとってもJ町は就労を可能にする重要な地域であった。

女性は、結婚や離婚そして死別のようなライフ・イベントによってライフコースが変化し、それに伴い居住地域を変えることが多く、その結果、土地やその他の資源へのアクセスを失ったり、社会的紐帯の変化に直面することになる。J町は土地へのアクセスを失った女性に対して、非農業部門における就労機会を提供していた。女性の経済活動が土地賃貸による地代収入に限定されていた村落地区と比較すると、J町は女性に就労機会を提供することができた。その結果、土地を保有していない女性であっても、J町に移住して女性世帯主として現金収入を得ることが可能となった。また、男性世帯主の妻についても、家事労働だけでなくそれ以外の経済活動を行うことで、自らの現金収入を得ていた。

ただし、その経済活動を観察した限りでは、消費需要を周辺に居住する農民に依存している。土地不足が深刻になり、特に若年層が他地域に流出しつつある周辺の村落地区に依存した経済活動が今後発展していけるのかについては疑問が残る。第9章では若い世代の女性を中心に、どのようなライフコースを選択しているのかを追跡調査することで、J町およびJ村落地区の将来について検討する。

注

＊1　二〇一六年七月二七日　ジバスラ町地区役所での筆者聞き取り。

＊2　一九九八年における農地を保有している世帯の割合（二〇％）は、二〇一四／一五年において農業が主な経済活動であると回答した世帯の割合（一一％）よりも高い。これは、二〇一四／一五年のデータが主な経済活動についてのものであり、農地の保有については確認していないことと、農地の保有自体をやめている可能性が考えられる。

＊3　このほかに一人が、土地を保有していないが兄の土地を耕作している。

＊4　調査時に「J」回答した場合、現在のJ町地区とその周辺のJ村落地区の両方が含まれているため、便宜上J地区と表記している。現在のJ村落地区からJ町地区へ移出している可能性があるが、その点については確認できなかった。

＊5　うち三人は結婚のための移住である。

＊6　表8-3のとおり、調査対象者五四人のうち就学経験者は四人のみだが、J町地区出身者二人以外は、一人は州都バハルダル出身であり、もう一人はJ村落地区外の小学校のある地区出身である。

＊7　子どもはいたが死亡した女性が他に一人いる。

＊8　*Yebet Qalabi*という言葉を使用している先行研究はないが、女性を対象とした活動をしていたNGOを訪問した際には、この言葉についてどのようなものかは理解されていた。もっとも近いものとしてはパンクハースト（Pankhurst 1992）が結婚の一種として挙げている“*gered*（servant）or *demoz*（salary）marriage”であろう。「夫から妻へ月単位または年単位での支払いを含む結婚」として説明されている（Pankhurst 1992, 105）。なおアムハラ語‐英語の辞書では、*Qalabi*は、“landlady, housekeeper”と説明されている。

第9章 「町」から変わる若い女性のライフコース

本章では、一九九八年の調査から一三年経過した二〇一一年のJ町で行った若年層の女性を対象とした調査と、この調査以降に行った追跡調査の結果について検討する。

詳細な調査方法についてはすでに第3章で説明しているが、ここで改めて概略を説明する。調査対象者は原則として一五～二九歳の女性のいる世帯の女性本人、不在の場合はその親である。ランダムに選択した五二世帯に属する若年層の女性（一世帯につき一人）に質問票を用いたアンケート調査を行った。

さらにこの五二人から二五人を選択して深層インタビューを行った。深層インタビューの目的は、女性の日常生活に影響を与えている複雑な要因を解明することであり、アンケート調査では明らかにならない原因と結果の関係や微妙な社会関係などを理解するためのものである。深層インタビューでは主に彼らの人生の中での重要なイベント、たとえば進学や退学、就職、結婚／離婚などに重点を置いて筆者がインタビューを行った。ほとんどのインタビューで録音を行うとともに、エチオピア人の助手が同席して内容の確認など補佐を行った。

この調査ののち、二〇一一年の調査以降二〇一六年まで追跡調査を行って、調査に協力してくれた女性たちがどのようなライフコースをたどったのかを確認した。

1　一九九八年以降のJ町／J村落地区における変化——教育へのアクセス

一九九八年や二〇〇三年の調査でもすでに明らかになっているが、J町はこの地域一帯において非農業部門の経済活動を一手に引き受けている。そのため、土地不足が深刻化している周辺村落地区から多くの人々が流入してきている。第8章第1節でJ町におけるインフラストラクチャーの変化などを説明したが、ここでは教育に関係する変化を中心に説明する。J町およびJ村落地区において特に大きく変化したのが、教育へのアクセスである。村落地区では土地不足によって農業による自給が困難になりつつあり、将来十分な土地を獲得できないことが明らかな若年層にとって、都市に移住して農業以外の経済活動に参入することは、重要な就労の選択肢の一つである。そして、農業以外の経済活動による収入が就学歴と正の関係にあることが先行研究でも確認されているように、都市でより良い仕事を得るためには教育は必須である（Barrett, Reardon, and Webb 2001）。

1-1　改善される教育へのアクセス

エチオピア政府は、二〇〇〇年に始まったＭＤＧｓの後押しもあり、初等教育を中心に教育機会の向上に注力してきた。二〇一一年調査時にJ町ではすでに八年生までの初等教育は提供されていたが、J村落地区でも小学校の増設や対象学年の拡大を通して教育機会は改善されていた。

二〇〇七年に入手したウステ郡役所の資料では、当時のJ地区（町と村落地区を両方含む）には、J町に小学校が一校あるだけだった。しかし、二〇一七年には、J村落地区には四年生までの小学校が二校あり、一～四年生までの教育アクセスは改善されている。この二校の小学校は、代替的基礎教育（Alternative Basic Education: ABE）として開設されたのちに、それぞれ二〇一〇／一一年度、二〇一二／一三年度に、四年生までだが一般の小学校へと昇格した。[*1]

すべての小学校には四～六歳を対象とする就学前クラスが設置され、二〇一六／一七年度時点でＪ町の小学校も、Ｊ村落地区の二つの小学校もそれぞれ一〇〇名以上の生徒がいる。*[2] ただし村落地区については四年生までしかないため、五年生以降はＪ町の小学校など他の小学校へ通う必要がある。

二〇一七年九月までは、中等学校となる九年生に進学するときには、Ｊ町、Ｊ村落地区どちらの居住者であっても、Ｊ町から一五キロメートル先の郡役所のあるメカネイエススの学校に行く必要があり、親戚などがいない場合は下宿することになる。下宿の場合は、学生が共同で部屋を借りてそこから学校に通うが、週末や長期休暇の時期には実家に戻る場合が多い。親族が他の町に居住している場合は、そこに寄宿させてもらって、親族の居住する町の学校に進学することもある。二〇一七年にＪ町で九、一〇年生対象の中等学校を開校したことで状況は改善されたが、それでもＪ村落地区居住者の場合はＪ町まで徒歩で一時間以上かかる場合も多い。

1-2　一一年生以上への進学の困難

Ｊ町には八年生までの学校があるため、徒歩で長距離移動して通学する村落地区居住者よりも、Ｊ町在住の児童は就学機会に恵まれている。ただし、一〇～一一年生への進級や、一二年生修了後に大学へと進むためには全国試験に合格する必要があり、たとえ希望していても、試験に不合格であれば進学できない。*[3]

特に一〇～一一年生に進学する際の全国試験は合格が難しい。政府が一〇年生のうち二〇％が一一年生に進学し、八〇％は職業訓練学校（Technical and Vocational Education and Training: TVET）に進学すると定めていたからである（Wondwosen 2019; 島津 二〇一四）。ただし、八割がＴＶＥＴ進学に割り当てられたといっても、対象者全員がＴＶＥＴに進学するわけではない。これはＴＶＥＴの授業料が有料である上に、ＴＶＥＴが適切な技能の習得や就職に有効なのかについては学生とその親が懐疑的であるということが指摘されている（Wondwosen 2019）。

Ｊ町には、二〇一七年まで九年生以上の学校がなかったため、Ｊ町の学校に通学していた八年生が九年生に進学した割合は不明だが、二〇一六／一七年度のウステ郡全体での一〇年生以上の学生数を参照すると、一〇年生と比較して進級試験後となる一一年生、一二年生の学生数が大きく減少していることがわかる（表9-1）。たとえば一一年生の学生数は一〇年生の三八％となっている。[*4] 州都バハルダルの場合は、周辺地域から生徒が集まってきていることもあるとも考えられるが、一一年生の生徒数は一〇年生の六八％と高くなっている（二〇一四／一五年度[*5]）ことから、インフラの整った大都市の方が地方よりも一一年生への進学率が高いといえる。

2　J町の若年層女性の概要

2-1　若年層女性の分類

二〇一一年に調査した一五～二九歳の女性五二人を、帰属する世帯の性格に基づいて分類し、比較検討する。具体的には、夫が男性世帯主となっている既婚女性の世帯（二八世帯）、調査対象者本人が女性世帯主となっている世帯（七世帯）、父が男性世帯主となっている世帯（一八世帯）、母が女性世帯主となっている世帯（九世帯）の四つに分類する（表9-2参照）。

前者二つのグループの女性は、すでに親から経済的に自立しているが、後者二つは親に経済的に依存しているグループである。グループごとの平均年齢は、既婚女性二三・四歳、女性世帯主二三・六歳、父が世帯主の女性一九・〇歳、母が世帯主の女性一八・八歳と前者二つのグループの年齢が高くなっているが、これは親に経済的に依存した状態から独立していくライフコースの流れを考えると不思議ではない。

一方、経済的に独立している女性よりも、親に経済的に依存している女性の就学年

表9-1　2016／17年度　ウステ郡中等教育学年別学生数

（人）	（参）8年生	9年生	10年生	11年生	12年生
男子	1758	1713	1251	502	561
（下学年との比較）		(97)	(73)	(40)	(112)
女子	2048	2027	1450	536	735
（下学年との比較）		(99)	(72)	(37)	(137)
合計	3806	3740	2701	1038	1296
		(98)	(72)	(38)	(125)

出所：ウステ郡教育局提供データより筆者作成。

表9-2 若年層女性の所属世帯

世帯主	（人）	（%）	調査対象者	
			平均年齢（歳）	就学歴（年）
夫	18	（34.6）	23.4	5.3
本人	7	（13.5）	23.6	7.1
父	18	（34.6）	19.0	9.8
母	9	（17.3）	18.8	8.9
合計	52	（100.0）	21.1	7.7

出所：2011年調査より筆者作成。

数の方が長い。調査対象者の就学年数は、夫が世帯主の場合は平均五・三年、本人が女性世帯主の場合は七・一年だが、親に経済的に依存しているグループ[*6]では、父が世帯主の場合九・八年、母が世帯主の場合八・九年となっている。就学年数に違いが生まれた要因としては、さまざまな経済的・社会的な要因が考えられるが、それを念頭においたうえでこれら四つのグループの特徴を比較してまとめる。

2-2 夫が世帯主の女性

夫が男性世帯主で、本人が既婚女性となる世帯は一八世帯であった。結婚のために他地域から移住してきた女性五人とそれ以外の一二人では、出身世帯や就学歴などに違いがみられる一方で、現在の経済活動については大きな違いはみられない。これはJ町における女性の非農業就労の選択肢が限られていることを示している。

（1） 経済活動

このグループの世帯では、夫が主な収入を担っている。夫の一八人中一六人は非農業就労を行っていて、複数の経済活動に従事している場合も多い。重複回答を含めて、商業、日雇い労働（非農業）、農業、出稼ぎ労働（詳細は不明）が各四人おり、縫製業三人、政府役人、カランブラ経営[*7]各一人となる。農業経営従事者は四人おり、うち土地保有者が三人、借地で農業を営んでいる者が一人である。土地保有者一人と借地の一人は、それ以外の経済活動については言及しなかったが、残りの二人の農業以外の経済活動は一人がカランブラ経営、もう一人は非農業での日雇い労働である。

商業については、比較的規模が大きい穀物、はちみつ、豆などの買い付けを行っていた者が三人、店舗で靴販売を行っていた一人である。彼らは商業以外の経済活動は行っていなかった。

上記の農業経営者以外で、複数の経済活動を挙げたのは出稼ぎ労働と日雇い労働（非農業）を挙げた一人のみである。ただし、定期市で雑貨などを販売している者の中にはJ町居住者が多数観察されることから、市日に店舗ではなく地面に雑貨を並べて販売するような零細商人は、調査結果よりも多いと考えられる。

既婚女性の経済活動は男性よりも限定的である。家事が主であり、現金収入については補助的な役割となる。一八人中八人は家事労働のみで他の経済活動を挙げなかった。家事労働や育児に時間を取られて働けないと回答するものもいた（2011J39）。ただし、季節性のある農業の日雇労働のように、恒常的な経済活動ではないものについては「仕事」として挙げていない可能性もある。具体的に挙げられた経済活動は、日雇い労働（農業／非農業）（計三人）、市の日の紅茶販売（二人）、小売店での商業（二人）、地ビール屋経営・商業・縫製業者の下請けとしてのアイロンかけ・単身者にインジェラ[*8]の提供・夫とともに農業（各一人）となっている。なお、複数回答した女性は少なく、一八人中三人のみである。経済活動の規模としては、卵の買い付けが規模の大きな活動となる。市の日に農民が売りに来た卵を集荷し、アムハラ州の州都バハルダルからトラックで買い付けに来た商人に売るというものである。

（2）既婚女性のプロフィール

既婚女性については、結婚のために他地域から移住してきた者（五人）と、元々J町の居住者（一三人）の二つのグループに分けることができる。結婚のために他地域から移住してきた五人は、親が農業を営んでいる農村部から婚入してきたエチオピア正教徒の三人と、メカネイエススの町から婚入してきたムスリムの女性二人であるが、五人全員が親の決めた結婚でJ町に移住してきた。比較的早婚であり、就学年数は就学なし一人、二年二人、三年一人、五年一人と、夫が世帯主となっている既婚女性の平均五・三年を全員が下回っている。出身世帯の親の経済活動は、エチオピア正教徒の場合は農業、ムスリムの場合は商業または織物業に従事しているという違いはあるが、父母両方がいるふたり親世帯である。彼らの結婚は親が決定しており、結婚とともに学業は中断する場合が多く、就学年数が短くなっている。

J町に元々居住していて、J町で結婚している女性は一八人中一三人と多数を占めた。そのうち出身世帯がひとり親世帯となるものが九人と多数を占めている。両親のいる世帯の出身は一人のみであり、父が死亡している女性が四人[*9]、母が離婚して女性世帯主となっている女性が四人、母が死亡し父が寡夫のままの女性が一人、母死亡で父が再婚している女性が二人、両親が死亡している女性が一人である。J町外から嫁いできた女性たちの就学歴と比較すると、J町に元々居住していた女性の就学年数は六・四年と上回っている。ただし、父が不在の世帯については就学年数が低い。

なお、J町出身者のうちJ町で結婚した女性にムスリムはいない。ムスリム女性については、他の商業都市に婚出していく傾向がみられるためだが、この点については、後述の追跡調査で改めて確認する。

J町居住者の結婚には恋愛結婚もあるという点は、村落地区における結婚とは異なっている。第Ⅱ部でとりあげた村落地区における結婚は、夫方居住婚の慣習とエチオピア正教会の教義による血縁関係の制約によって、親が決めた結婚によって居住地から婚出していくことが多い。この調査でも結婚によって地区外から移住してきた五人のうち結婚の経緯を確認できた四人全員が親の決めた結婚によるものであった。一方、J町居住者一二人の結婚では、少なくとも四人が恋愛結婚であった。なお、聞き取り調査では、エチオピア正教会の教義で定められた、さかのぼって六世代以内に同じ祖先がいる場合の婚姻禁止については順守しているということであった。第Ⅱ部で取り上げたJ村落地区では同じ村内での結婚は少なかったが、町の場合は周辺地域からの移入者も多く、同じ地区内であっても教義に反しない配偶者を見つけることは比較的容易である。

ただし、恋愛結婚と親の決めた結婚では、どちらが経済的な面では望ましいのかについての判断は難しい。親同士が決めた結婚の場合は、経済的につりあいがとれており、持参財を用意することが前提であり、ある程度の資産が必要である。一方恋愛結婚の場合は、そのような資産を前提としていない。恋愛結婚をした女性四人の出身世帯の経済状況は良いとはいいがたい。一人は両親が死亡してオジ・オバに養育されており、一人は農村部在住だったが父の死亡後J町に親戚を頼って移住してきている。他の二人は、父母が離婚して母が再婚したもののその配偶者も死亡していた。そのため親が結婚相手を決める状況になかったともいえる。なお、J町の場合、恋愛結婚でなくとも、親が結婚相手を紹介し、本人が結婚を決めたという事例もあり、本人に相手を選択する権利はある程度ある（2011J28）。

一方、親同士が結婚を決める場合は、出身地からの移動を伴うとともに、早婚の問題や学業が継続困難という問題がある。事前に本人の了承を得ずに結婚が進められるために、結婚によって突然生活が変わることになる。たとえば、結婚当時一〇歳で小学二年生だった女性は、事前に結婚することを知らされず、突然学校を中退して結婚することになったという（2011J25）。二年生で結婚した別の女性（2011J23）は、結婚について知らされていなかったものの、一カ月ほど前から母親や親戚が結婚の準備を始めていたので、なんとなく結婚を予測していたと語った。彼女は結婚後も学校に通っていたが、三年生を修了したところで妊娠したため、学校を中退している。

教育へのアクセスを考えると、明らかにJ町居住者の方が村落地区よりも恵まれていることは、J町に居住する女性全般にいえることである。ひとり親世帯であっても教育の継続が可能なので、元々J町に居住していた既婚女性の就学年数の方が長くなっていると考えられる。ただし、結婚でJ町に移住してきた女性五人のうち、ムスリムの二人はメカネイエススの町出身でありながら就学歴はそれぞれ二年と五年であり、初等教育も修了していない。したがって、教育へのアクセスだけではなく、親の女子に対する教育や結婚への価値観も深く関係している。

ただし、出身地や就学歴などが多様であるにもかかわらず、多くの女性が家事専業であり、限られた経済活動しか行っていなかった。その要因としては、J町内での就労機会や職種が限定的であることが挙げられる。就学歴が高くともそれに見合う職種をJ町では提供できていない。

なお、彼女たちが、現在の状況をどのように考えているのかについて、聞き取り調査を行ったが、親の世代と比較

表 9-3　調査対象者による母の世代と自分の世代の違いについての女性の認識（複数回答）

		世帯主別			
	（人）	夫	本人	父	母
［n］	［52］	［18］	［7］	［18］	［9］
肯定	**41**	**9**	**3**	**12**	**4**
女性の権利	12	4	2	5	1
教育機会	12	2	0	7	3
結婚/離婚の自由	4	0	0	3	1
女性に仕事がある/経済的自立	6	2	1	2	1
民主主義がある	1	0	1	0	0
治療、予防接種	1	0	1	0	0
前より物がある／経済向上	3	0	1	2	0
農業生産性アップ	1	0	0	1	0
家事が楽になった	1	1	0	0	0
その他	3	2	0	0	1
否定	**29**	**9**	**4**	**6**	**5**
物価高	19	7	4	3	5
仕事がない	3	2	0	1	0
教育への不満（金持ちだけ進学、学歴のインフレ）	2	0	0	1	1
労働への負担増加	2	0	1	0	1
変化なし	1	0	0	1	0
わからない	2	1	0	1	0
コメント合計	73	21	11	27	14

出所：2011年調査にもとづき筆者作成。

して現状に肯定的な者九人、否定的な九人と二分されている（表9-3）。肯定的な意見は主に女性の権利、否定的な意見は物価高の問題について言及している。女性の社会的な状況については改善されているものの、経済的には物価高を中心に問題を抱えていることがわかる。

2-3　女性世帯主

調査対象者のうち女性世帯主は五二人中七人であった。未婚者五人と離婚者二人である。未婚者のうち四人はシングルマザーであり、残りの未婚者一人は両親やキョウダイを扶養しつつ学校に通っている学生である。女性世帯主のグループには、この学生以外の六人全員に子どもがいる。

（1）　経済活動

一人で複数の経済活動を行っている女性が多い。たとえば離婚女性（二六歳、2011J08）は、経済活動として市の日の紅茶販売・地ビール屋経営、日雇い労働（農業）、請負の洗濯、伝統的なバスケット製作などを挙げている。既婚女性への調査では家事以外の経済活動を挙げられる者が比較的少なかったことを考えると、女性世帯主の場合は生計維持のためにさまざまな経済活動を行わなければならないことがわかる。一方、第8章の二〇〇三年の女性世帯主の経済活動が地ビールに偏っていたことを考えると、経済活動の多様性が進んでいるともいえる。

もっとも多かったのは農業の日雇労働（五人）である（以下複数回答）。労働内容は、主に雨季（六〜九月）の雑草除去である。次いで洗濯、伝統的なインジェラ・バスケット（*mesob*）製作販売[*10]（各三人）（写真9-1）、主食であるインジェラの販売（二人）である。インジェラ販売と洗濯は、J町に居住する教師などの公務員を対象としたものである。ほかに卵の集荷、伝統衣装の刺繍、セックス・ワーカーが各一人いる。

写真9-1　中央にあるのがインジェラ・バスケット。主食のインジェラを載せる台になる（2024年11月2日、筆者撮影）

これらの経済活動は、雇用者や商品の消費者がJ町およびJ村落地区居住者であることが多いが、域外を超えた形での経済関係も存在している。どちらもインジェラ・バスケットの製作販売や卵の集荷がそれに当たる。州都バハルダルの消費者を対象としたものである。バスケットは嫁入り道具として準備されることも多く、本人がバハルダルまで運んで販売することもあれば、商人が買い付けにくることもある。卵の集荷では、バハルダルから業者がトラックで買い付けに来たときに、一回当たり最大二〇〇個の卵を売るという（2011J36）。

このような経済活動以外に、パートナーの男性から金銭的援助を受けることもある。ただし、永続的な関係とはならず、子どもが生まれると疎遠になって関係が終了するなど、関係は不安定である。

(2) 調査対象者の特徴

女性世帯主については、親からの経済的・社会的庇護の欠如がもっとも大きな特徴である。調査対象者七人全員の出身世帯はふたり親世帯ではない。父母どちらからも支援を期待できない状況にある者三人、両親死亡一人、父の死亡または離婚後母が再婚して地域外に居住している者が二人である。残りの四人については全員が母子世帯出身であり、母子世帯となった理由は離婚二人、父の死亡二人である。三人が母親と同居して扶養している場合(2011J8, J36)もあるが、恒常的な収入は本人によるものが中心であり、母の収入は補助的なものにとどまる。貧困のために学業の継続を断念したものの、経済的に自立することが困難であるために、男性の経済的支援を受けざるえない場合も多い(2011J55)。

〈事例九-一〉二二歳。就学歴六年生まで。

父は二歳のときに死亡。貧困のため、学校は六年生までしか続けられなかった。その後母と一緒に市の立つ日に地ビールや紅茶を客に出していたが、二〇〇〇年に知り合った男性と子どもをもうけた。経済的な支援を受けていたが、男性が二〇〇五年にアディスアベバに移住するとともに関係は終了した。その後は、週末の地ビールや紅茶の販売だけでなく、日雇いでの農業賃労働にも従事しているが、それ以外にセックス・ワーカーとしての収入もあった。客の子どもを出産し、客も自分が父親だと認めているものの、その後は関係が途絶えてしまった[*11](2011J55)。

結婚前の居住地はJ町内六人、隣接するJ村落地区一人となっており、それ以外の地域から単身で移住してきた女性はいない。一九九八年、二〇〇三年の調査とは異なり、村落地区で離婚した女性の受け皿としての町の機能は、若年層女性では確認できなかった。この点については、町の受け皿としての機能が失われていることを示しているのか、村落地区において女性が離婚する年齢が一般的に三〇代以上であるため、調査対象者とならなかったことを意味するのかは、このデータだけでは判断できない。
　このグループは親の状況を考えると経済的に恵まれた世帯出身とは言い難いが、就学年数は既婚女性よりも高い。就学年数が一年の一人を除いた六人は六年以上の就学経験があり、四人は初等教育を修了し中等教育一年目となる九年生まで就学している。当時のJ町には中等教育である九年生以上の学校がないため、この四人はメカネイエススにある中等学校に通学した経験があることになる。ただし、調査当時学生であった一人以外は、経済的理由で寄宿を伴う中等教育を諦めていた。八年生までは町内に学校があり、徒歩圏内に教育へのアクセスがあった結果、八年生まで、学業を継続できたといえる。
　第8章の二〇〇三年の調査では、女性世帯主にはほとんど就学経験がなかったことと比較すると、二〇一一年時点の女性世帯主の就学歴は大幅に向上している。この間、J村落地区において学校が複数開校しているが、J町については二〇〇三年にはすでに八年生までの学校があったことを考えると、この就学年数の伸長は、教育へのアクセスの向上だけでなく、親や社会の女子教育に対する意識変化が大きい。インタビューでも、学業継続はかなわなかったものの、自らの就学経験に対しては肯定的な回答が多かった。たとえば九年生まで学んだ二二歳のシングルマザーは、教育で多くのことを学べたと語っている（事例九‐二、2011J46）。また、両親が死亡した後も働きながら教育を継続しようとした女性もいた（事例九‐三、2011J33）。

〈事例九‐二〉二二歳。シングルマザー。就学歴九年。
　学校に行くことがとても好きだった。なぜなら、衛生についての知識を得ることができたから。学生のときはとても幸せだった。九年生で学校をやめてJ町に戻ってきた。勉強を続けたかったが、経済的な問題があった（2011J46）。

〈事例九‐三〉二六歳。シングルマザー。

両親は六歳のときに死亡した。その後オバに養育してもらって三年生まで学校にいった。大きくなってJ町にきた。その後アディスアベバにいる兄と同居していた。このとき七年生まで学んだ。しかし、兄が死亡したためメカネイエススに戻ってきて働きながら九年生まで学校に行った。多くのことが学べたし、友達とともに時間を過ごし、衛生についても学べた（2011J33）。

また、現在の状況について本人たちの認識についての聞き取り調査の結果は、前項の既婚女性とは傾向は大きくは違わなかった。親の世代と比較して、自分の世代について否定的なコメントが四人、肯定的なコメントが三人となっている（表9-3参照）。否定的なコメントについては、全員が物価高について言及するなど経済に関係するものであった。一方、肯定的なコメントとしては女性も仕事をして収入を得られる（2011J36）、民主主義や女性の権利が認められるようになった（2011J33）、以前よりもいろいろなものが手に入るようになった（2011J8）などがあった。女性の地位向上に関する肯定的コメントが中心である。子どもの将来については肯定的であり、教育を受けさせるので、自分よりも良い生活を送れるだろうというコメントが三人からあった。

女性世帯主は、彼女らの母の世代の女性世帯主と比較すると就学歴が高いことが特徴であり、その結果、親世代の生計手段とは異なるさまざまな生計手段を用いている。地ビール屋経営に就労が偏っていた母の世代のほとんどの女性には就学経験がなかったことを考えると、経済環境だけでなく、就学経験も多様な生計を営むことを可能にしているといえる。彼女たち全員がひとり親世帯出身または両親が不在の状況にあり、親からの経済的支援を得ることができないため、経済環境を大幅に改善することは難しい。しかし、前項で扱った既婚女性の多くも出身世帯がひとり親世帯であることからも、女性世帯主の娘がかならず女性世帯主になるといった貧困の再生産は既定路線ではない。親の世代よりも就学機会が増え、経済活動の範囲が拡大していることを考えると、彼女たちの将来や次の世代は、母の世代よりも改善されているのである。

断定することは難しいが、経時的な聞き取り調査からは女性世帯主は減少傾向にあると考えられる。二〇一一年の調査のサンプル数は少ないが、ランダムに選択した調査対象者五二人中七人が女性世帯主でありその割合は一三％だった。これは一九九八年の調査のときの四五％と比較するとかなり低い。まだ若年層であるため寡婦が含まれていなかったり、離婚に至っていない既婚女性がいることも理由の一つといえるが、それ以外に、J町が周辺村落地区の離婚女性や寡婦にとっての就労機会提供のための役割をもはや担っていないことも考えられる。第7章表7-1（一二一頁）に示したように、村落地区から移出した若年層女性の移住先はJ町ではなく、バハルダルやアディスアベバなどの大都市であった。村落地区からの人の移出は、J町のような小規模な町を経由せずに直接大都市へと向かう傾向にある。

2-4　父が世帯主の女性

父が世帯主となっている世帯に帰属する調査対象者は五二人中一八人である。このうち学生が一一人、学業修了後引き続き親と同居が五人、離婚後実家に戻ってきた女性二人である。すべての世帯がふたり親世帯である。

(1)　経済活動

世帯主である父の経済活動でもっとも多いのは商業七人であり、次いで織物業五人、農業経営三人、喫茶店経営・出稼ぎ労働・年金生活者各一人となっている。なお、織物業五人と商業二人はムスリムである。喫茶店経営とは、市の日に紅茶を販売するような零細な活動ではなく、喫茶店として恒常的に紅茶とパンを販売するものである。農業経営の三人は全員土地を保有している。夫が世帯主である世帯で夫の経済活動として挙げられていた日雇い労働はここでは挙げられていない。また、出稼ぎ労働も一人のみである。穀物売買のようなより規模の大きい商業に従事している父が六人いる（夫が世帯主の場合は一人）。父の世代と一回り下の世代となる夫の世代では、父の世代の経済的地位

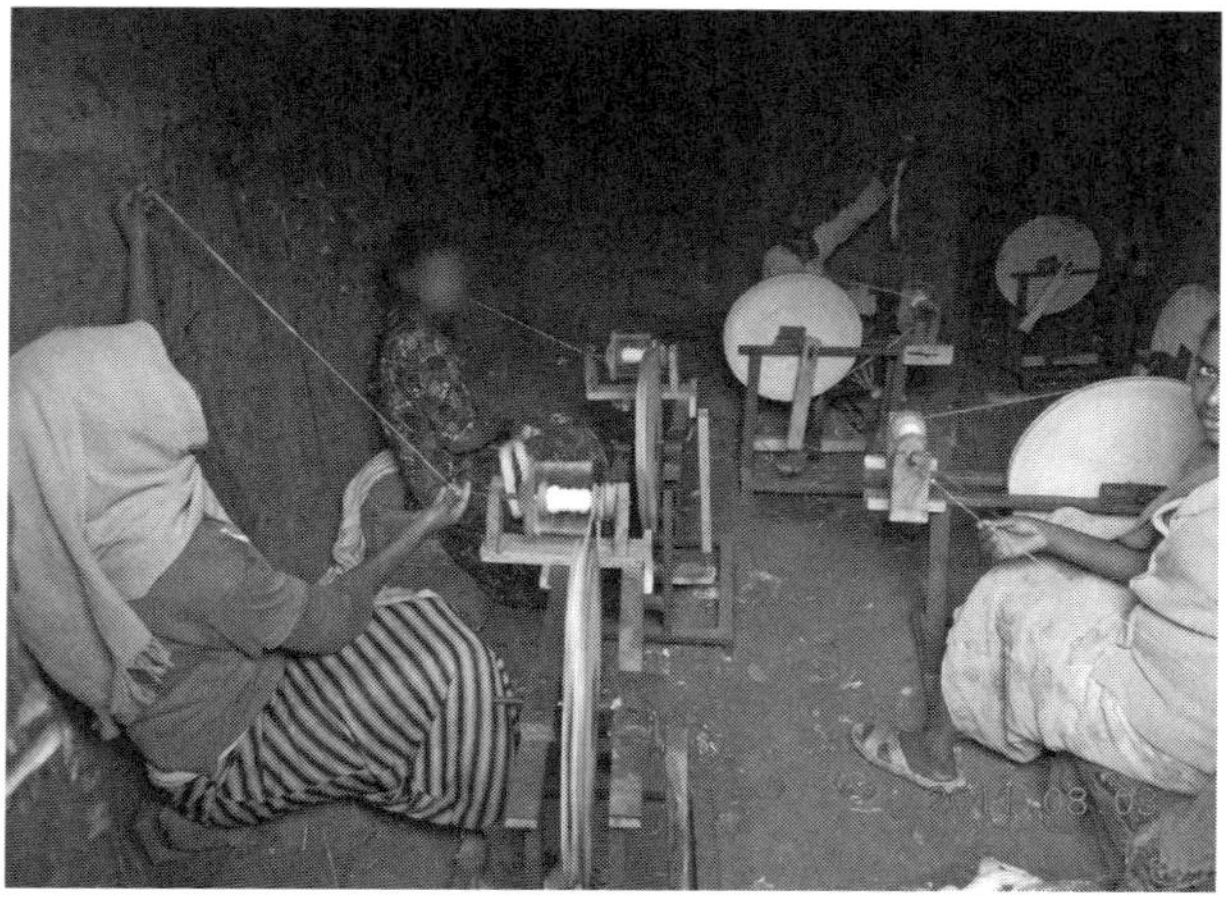

写真9-2　政府が支援した糸紡ぎのグループ活動の様子（2011年8月3日、筆者撮影）

の方が高い。夫の世代が将来的に上の世代に追いつくのかについてはこの段階では不明である。

母の経済活動は、家事労働従事者が八人、商業四人、地ビール屋経営・紅茶販売各二人、喫茶店経営・農業各一人である。喫茶店経営については、前出の喫茶店経営の父の妻であり、共同経営である。農業については夫（調査対象者の父）の耕作への補助的な作業となる。ただし、父の農業による生産物を自給用食料として、母が現金稼得活動を行うという役割分担のある世帯（2011J52）や、親戚や調査対象者のキョウダイからの仕送りが重要な収入源となっている世帯（2011J17、2011J26）もある。

調査対象の女性については、ほとんどが経済的には補助的な役割しか果たしていない。学生は一八人中一一人いるが、調査当時J町には九年生以上を対象とした学校がなかったため、九年生以上の場合は平日はメカネイエススに下宿して通学している。週末のみJ町に戻ってきて土曜日の市のときに地ビールや紅茶の販売、雑貨の小売りなど親の手伝いを行う場合が大半である。学生ではない七人については、六人が家事労働に従事しており現金稼得活動は行っていないと回答した。唯一の例外として、父が出稼ぎ労働で長期不在となっている女性は積極的に経済活動を行っており、メカネイエススで雑貨を仕入れてJ町で市の日に売っており、紅茶販売に従事している母よりも現金収入を得ており、それが世帯の主な生活費となっていた（2011J09）。

政府は失業している若年層の女性に対して支援活動を行っているが、機能しているとはいいがたい。たとえば、政府がJ町の女性協会（Women's Association）を通じて、手動の綿紡ぎ機を貸し出して糸を紡いで販売するというグループワークを導入したが（写真9-2）、結局は頓挫した。参加していた調査対象者（2011J11）によると、一カ月の訓練ののち活動を始めたが、活動の一年後も政府が約束した金額を支払うこともなく、活動は休止してしまったという。ほかにも職業訓練校で建築を学んだ女性（2011J48）は、政府主導で立ち上げられた建築を学んだ若者によるワーキング・グループに参加したものの、まったく仕事はなかったという。

（2） 調査対象者の特徴

このグループの特徴は、長い就学年数と帰属世帯の収入が比較的高いことである。就学年数の例外は離婚者の二人であり、一人には就学経験はなく、もう一人は結婚によって七年生で学業を中断している。それでもこのグループの女性の就学年数は、九・八年ともっとも長い。学生については、八年生から大学生の範囲にあり、在学中のため就学年数はさらに伸びることになる。上述の離婚者二人を除いた就学修了者四人は、九年生一人、一〇年生二人、職業訓練校[12]修了一人となっている。ほとんどの親には就学歴がないため、親の就学歴と子どもの就学歴との関係は見いだせない。親に就学歴があるのは、父三人（二年、六年、七年）、母三人（二年二人、三年）のみである。なお、このグループの女性は学生を多く含んでいることもあり、平均年齢は一九・〇歳で、年齢層も一五～二三歳と比較的若い。

聞き取り調査からも、親の女子教育への投資についての意識が変化しつつあることが明らかになった。先述の夫のいる既婚女性の出身世帯は、父が世帯主であっても、就学歴はもっとも低く、その傾向は農村出身者であっても町出身であっても同様だった。それに対して、現在世帯主が父である未婚女性の就学歴はもっとも長い。既婚女性のグループと父が世帯主の未婚女性のグループの平均年齢は約四歳異なっているが、その間に大きな変化が起こったのだろうか。聞き取り調査では、自分と妹では教育についての親の認識が大きく変わったために、自分は親の決めた結婚で就学をあきらめたが、妹については親が教育を奨励していることを指摘して、不満を語っていた既婚女性がいた。事例九－四で紹介する女性は、二五歳の既婚者で、一五歳のときに結婚し、二年生で学校を辞めた。彼女は結婚後も学業を続けようとしたが、子どもが生まれたのであきらめた。現在妹は未婚の一五歳で五年生である（2011J23）。

〈事例九－四〉二五歳。既婚女性。就学歴二年生まで。

「彼女（妹）は（すぐには）結婚しないだろう。今の年齢では結婚しない。今は、とても幼い子どもは結婚しない（中略）法でも禁止されていて罰せられる（中略）（両親は）『勉強は役に立つ』と言っている」（2011J23）。

彼女は、両親が妹の教育についての態度が彼女の場合とはまったく異なることについて、「彼らはそのとき（彼女が学校を辞めたとき）教育のことを分かっていなかった」と答えた。

このような親の教育に対する意識変化には、政府の教育に関する強力なキャンペーンの影響もあったと考えらえる。たとえば、山田（二〇〇六）は、二〇〇五年のオロミヤ州での調査で、政府および学校による積極的な教育キャンペーンによって、子どもの教育をうける権利に対する親の認識が高まっていたことを報告している。同様のキャンペーンは調査地でも行われている。村落地区において、日曜日の教会礼拝後に行われていた会合では、地元の学校の教師が、学校に来ていない子どもを名指しして、学校に来るように親に促していた。

また、複数の父親に、なぜ女子にも教育を受けさせているのかを聞いたところ、その回答は、教育を受けることで就職して自立することができればそれに越したことはないが、より重要なのは、結婚するために十分な学歴がないと良い相手を見つけられないから、女子も教育を受ける必要があるというものであった。町居住者の場合、村落地区の農業従事者と結婚するのではなく、ほとんどが非農業就労に従事している男性と結婚する。男性側が女性にも経済的貢献を期待している場合、就学経験がなく識字や計算ができない女性は結婚対象にはなりづらい。若年層の男性以上に若年層の女性の都市部での就労が困難であることは、親も認識している。非農業就労が中心となっているJ町では、女子への教育は就労のためだけでなく、結婚の条件としても重要であるために、親も女子への教育に投資している。

女子の教育機会が拡大する傾向は、調査対象者自身にとっても肯定的に受け取られている。母の世代と自分の世代の比較に関する質問をしたときに、自分の世代の状況について母の世代よりも良くなっているという肯定的なコメントが、否定的なコメントを上回った唯一のグループとなっている（表9-3）。特にこのグループの女性については、世帯における経済的な責任がまだ発生していないために、経済に関するコメントが少ない。他のグループでは一番に物価高を挙げているのに対して、このグループでは物価高についてのコメントは三件のみであった。一方で、教育機会や女性の権利の向上に関するコメントがそれぞれ七件、五件となっている。

父を世帯主とする若年層の女性の多くは、教育修了後の進路について未確定であり、子どもから大人への移行期とされる「若者」として位置付けるのが妥当であろう（Bradford Brown and Larson 2002; de Waal 2002）。

2-5　母が世帯主の女性

母が世帯主である調査対象者は、五二人中九人である。このうち学生が四人、学業修了後引き続き親と同居している者が五人である。父との死別による母子世帯が四世帯、父との離婚による母子世帯が四世帯、母が未婚の母子世帯が一世帯となっている。

（1）　経済活動

主な経済活動として挙げられた世帯主である母の経済活動としてもっとも多いのは、四人が従事していた地ビール屋経営である。それ以外には、市の日の紅茶販売、製粉所経営、死別した公務員だった夫の遺族年金で生活している女性、そして物乞いとなっている女性などが各一人となっている。調査対象者のキョウダイからの仕送りが主な収入となっているものが三人いるが、この三人のうち二人は、地ビール経営と紅茶販売も行っている。

調査対象者九人のうち学生ではない五人については、父が世帯主の女性が無償の家事労働を行っていたのとは異なり、より世帯の経済活動の中心となって現金収入をもたらす経済活動を行っている。母の地ビール屋経営を手伝っている者が二人、日雇い労働（農業／非農業）が三人である。ほかに一人がヘルスワーカーの認定を受けて出身地であるJ町で働いていた。ここには複数回答者が一人含まれており、地ビール屋の手伝いと日雇いでの農業賃労働を行っていた。母と調査対象者の個別の収入は不明だが、聞き取り調査で回答を得られた対象者全員が、世帯の収入を管理するのは母であると答えた。

(2)　調査対象者の特徴

経済活動が多様であるのと同様、調査対象者の特徴も一つにまとめることは難しい。まず挙げられるのは、父が世帯主の場合と同様、学生が九人のうち四人と多いことである。学生ではない五人については、未婚のままシングルマザーとなった女性が二人いる一方で、学業修了後に母の経済活動をサポートしているもののモラトリアム状態にある女性が三人いる。次に挙げる事例九－五のように、一〇年生より上に進級できなかったことに対して忸怩たる思いを抱えているものの、現在は結婚を考えておらず、経済的に自立したいと語る女性もいた。

〈事例九－五〉 二〇歳。就学歴一〇年。

母は九年生まで学んだ。私は一〇年生まで学んだが、試験に落ちたため進級できなかった。母の時代は九年生まで学んでいればすごい女性とされたが、私の時代はただの一〇年生に過ぎない。（中略）結婚する気はない。まず仕事をみつけたい（2011J12）。

このグループの年齢層も、一六～二三歳と比較的若い。就学年数は、就学中の者も含めて八～一〇年生の範囲にあり、就学年数は八・九年と、世帯主が父のグループに次いで長い。ただし、事例九－五の女性のように、意欲はあるが試験に落ちて進級が困難である場合もある。特に父がおらず母が世帯主である場合は、娘である調査対象者のサポートが必要となるために、家事および経済活動の負担が大きくなり学業への十分な時間が取れず進級が困難になると考えられる。

母の世代と自分の世代を比較した場合、母の世代の方が良かったと答えた人数（五人）が自分の世代の方が良いと答えた人数（四人）を上回っている（表9-3）。特に物価高について言及している人数がもっとも多く五人となっている。父が世帯主となっている世帯と比較すると、母が世帯主となっている世帯は訪問時の様子からも経済的には劣っている場合が多く、また、母とともに経済活動を行うことで経済状況を理解しているために経済に関する否定的な意見が多かった。

2-6　教育を通して変わる意識と教育への意識変化

学生や学業修了後親と同居している調査対象者へのインタビューからは、結婚する前に経済的に自立したいという発言が多く聞かれた。特に九年生以上の就学歴をもつ調査参加者へのインタビューからは、教育内容だけでなく、学校生活自体が価値観に影響を与えていることがわかる。調査地の学校ではその当時八年生までの教育しか提供していないため、それ以上進学するためには、メカネイエススのような都市部の町に寄宿して学校に通うことになる。ほとんどの学生が週末や学校の長期休暇期間には実家に戻っているが、多くの時間をJ町よりもはるかに大きな町で過ごしている。

調査参加者の一人は、町の学校に行くまで、女性が学校を出た後すぐに結婚しなくてもよいということを知らなかったと語った（2011/40）。最初は町出身の生徒たちの会話は話題が広すぎて何を言っているか理解できなかったが、お互いいろいろ話をして理解しようとしていると話す者もいた。大きな町で日常生活を過ごすことで新たな価値観に出会って影響をうけていることがわかる。

インタビュー回答者のほとんどは、教育は有用な知識を得ることが出来るとして、教育に対して肯定的だったが、教育内容について具体的に語ることはなかった。*13 ただし、現在女性を取り巻く状況について、母と比較してどのように変化したのかを聞いたときに、就学機会の向上について多くコメントしていた（表9-3）。同時に学生は公務員になることに対する強い希望が語られることが多く、彼女たちにとっての教育の利点は、学習内容よりも学歴である。

本節では世帯主に基づいて分類を行い、若年層の女性とその世帯を対象として経済活動を検討してきた。調査対象者の女性や母が世帯主となっている世帯よりも、夫や父が世帯主となっている世帯の方がより多様で穀物商など収益の高い経済活動を行っていた。これは世帯内に夫婦として成人が少なくとも二人いることもあるが、男性の方が資本力に勝る結果、女性よりも高収益の職種に就きやすいということも理由として挙げられる。このような状況を考えると、たとえば貧困層にある女性世帯主の世帯が、再び貧困層の女性を生み出すといった貧困の再生産も懸念される。しかし、若年層の女性世帯主の生計活動が示しているように、母親の生計活動をそのまま引き継ぐのではなく、就学機会の向上や多様な経済活動の出現を生かした異なる生計活動を選択していた。

就学歴は親の教育投資の意思に影響を受けるが、調査対象者の就学歴とその後の経済活動との関連性については、二〇一一年の単年度調査では必ずしも明らかにはならなかった。父が世帯主の女性は、就学歴が比較的長いのと同時に、一種のモラトリアム状態にある「若者」となっている。将来どのように親の世代から独立していくのかはこの調査では不明である。また、それ以外のグループについても、財政的な事情で学業の継続を断念している事例もあるが、ほとんど就学経験のない親の世代と比較すると長短はあるものの就学経験がある。

生計活動を決定づける要因は教育だけではないが、さまざまな要因とともに教育に注目しながら、次節では調査対象者に対する二〇一二年以降の追跡調査の結果を検討する。

3 追跡調査――二〇一一～二〇一六年

親が世帯主の女性の多くは、結婚や就労が決まっていないモラトリアム状態にあった。二〇一一年の調査に協力してくれた彼女たちがそれ以降どのようなライフコースをたどっているのかについて、二〇一六年まで追跡調査を行った。なお、一部対象者については、二〇一八年まで追跡調査を行っている。ただし、調査対象者が調査地域外へと移出する者も多く、家族や近隣居住者からの二次情報に基づく場合もある。しかし、結婚や移動という生計活動にも大きな影響をもたらす重要なイベントを確認することで、間接的ではあるが生計活動の変化を理解することができる。以下、先述の分類に基づいて検討する。

3-1 夫が世帯主の女性

夫が世帯主の世帯に帰属している既婚女性は一八人だったが、二〇一一年からひきつづきJ町での生活を継続している者と、夫婦で都市部に移出した者とで大きく二分されている。一八人のうち継続してJ町に居住していた女性は過半数の一一人である。九人は結婚ステータスに変化はなかったが、そのうちの一人は夫が出身地のアムハラ州東部のデッセに単身赴任していた。J町に居住している残りの二人は、一人は長期出稼ぎで不在だった夫と離婚して周辺村落地区の農民と再婚し、もう一人は離婚していた。この一一人に加えて、いったん都市部（アディスアベバ、メカネイエスス）へ移出したがJ町に戻ってきた者が二人いる。二〇一六年にJ町に居住しているこれらの一三人以外は夫婦で州都バハルダルに移住していた（五人）。

3-2　女性世帯主

二〇一一年の調査時には本人が世帯主となっている女性は七人だったが、二〇一六年にもJ町での生活を継続している者はそのうち五人であり、女性世帯主のままである。J町からでていったのは二人である。離婚して女性世帯主となっていた一人は再婚して南ゴンダール県西部に位置するウォレタに移住していた。もう一人は日雇い労働や週末の卵の集荷商などで母との生計を支えながら就学を継続していたが、二〇一二年に一一年生への進級試験に不合格となり、翌年バハルダルへ単身移住していた。

3-3　父が世帯主の女性

父が世帯主の女性は一八人であり、もっとも移動が活発なグループである。まず、二〇一一年の調査時に一一人いた学生の最終学歴は以下のとおりである。大学進学者は三人いたが、修了できたのは二人で、残りの一人は中退している。修了した二人は公務員となって都市部へ移住したのち結婚している。二〇一六年の時点で公務員を継続しているのかは不明である。中退した一人は経済的自立をめざしてさまざまな活動を行っていた。ムスリムであることもあり、妹と一緒に湾岸アラブ諸国への出稼ぎ労働を目指していたが、健康診断で移住が認められなかった。その後はJ町で、学校の図書館の司書やヘルスワーカー、市の日の商業活動などさまざまな経済活動を行っていたが、経済的自立を確立することはできず、数カ月におよぶ親の説得によって、二〇一八年にバハルダルに近い町在住の靴商人の男性と結婚し、そこに移住している（2011J6）。

二〇一六年にはまだ一二年生の学生だった一人を除くと、大学進学していた三人以外の七人の最終学歴は、八年生（二人）、一〇年生（三人）、一二年生（二人）となる。このうち一人は、成績は優秀であるとして一〇年生修了時にバハルダルの高級ホテルの厨房の従業員として雇用された。しかし、その後ホテルでの労働が過酷だとして退職してJ

町に戻ってきた後、J町出身の運転手と結婚して再びバハルダルに移住した。

八年生で学業を中断して結婚した女性は、その後夫とバハルダルに移住したものの夫が商売に失敗して離婚し、実家に戻ってきた。ただし、二〇一七年の調査では再婚の予定があるということだった。

この二人以外、残りの五人は、進学試験に合格できずに学業を終了している。内三人は未婚のままであり、サウジアラビアへの移住、親出資の喫茶店従業員、都市部で求職中となっている。他二人はJ町で結婚し、そのうちJ町在住が一人、結婚後ウォレタへ移住した女性が一人となっている。

二〇一一年の調査時点で学業を修了していた七人の場合も、二〇一六年の時点でJ町に居住しているものは少なく、一人のみがひきつづき親と同居して商業に従事していた。残り三人はサウジアラビアに出稼ぎに行っており、二人は求職のため都市部へ移出していた。残る一人は、ダム建設で好況であると伝えられているエチオピア西部のベニシャングル・グムズ州に、友人とともに出稼ぎ労働のために長期で移住していた。経済活動については不明であるが、定期的に実家を訪問するという（2011J18）。

都市部に移出して求職活動を行っている二人のうちの一人は、二〇〇七年に一〇年生修了した女性（二〇一一年当時二〇歳）で、二〇一二年以降都市部に居住する親戚の家に同居している。都市部でも十分な給与を得られる仕事がなく、求職活動が続いているということであった（2011J11）。もう一人はアディスアベバで求職活動を行ったのち結婚したことは確認できたが、現在の経済状況については確認できていない。

父が世帯主の女性のグループの追跡調査で明らかになったのは、二〇一六年の時点で、そのほとんどがJ町に居住しておらず、都市部へと移住していることである。一八人のうちJ町にいまだ居住しているのは離婚で実家に戻ってきた一人を含めて四人のみである。残りの一四人はJ町から他地域に移住している。移住理由は、就職二人、求職三人、結婚とともに移住三人、サウジアラビアへの出稼ぎ四人、長期出稼ぎ一人、親とともにメカネイエススに移住一人となっている。就職したことが明らかになっているのは、上述の大学卒業後に公務員となった二人のみである。大学卒業者以外は、都市部であっても正規の雇用労働に就くことが困難であることがわかる。サウジアラビアへの出稼ぎ労働者が四人ともっとも多くなっていることからも、国内での就労機会が限定的であるといえる[*14]。

数としては一八人中三人と多くはないが、結婚して都市部へと移住している事例について検討したい。女性が都市部で就労することが困難であることは示したが、男性についても就労が容易というわけではない。しかし、J町内での就労は限定的である。先述のとおり、既婚女性の夫の経済活動は、日雇いが多く、規模の大きな商業に従事している未婚女性の父の経済活動と比べると規模が小さく収入が低い。また、ほとんど就学歴のない親の世代に対して、若年層の男性も女性同様就学歴が高くなっており、それに見合う職種をJ町内で見つけることは難しいために、都市への移住志向は男性も高い。

男女両方が移住を希望する場合、結婚は一つの大きなきっかけとなる。なぜならば、第7章第1節でも説明したとおり、アムハラの結婚には、双方の親が結婚する男女のために同等の持参財を準備するという慣習があり、町であってもその慣習は踏襲されているからである。町では村落地区のように家畜や土地を用意するのではなく、現金を用意する。たとえば、八年生修了してすぐに結婚した女性（2011J07）は、結婚時に一〇万ブルを用意したという[*15]。夫側も同額用意するのであれば合計二〇万ブルとなり、都市部において自営業を始めるための資金として使うことができる。この女性の父親は穀物商人であり、比較的裕福な世帯であると考えられるが、ここまで高額ではないとしても結婚時の持参財は重要な資本となる。もちろん持参財があったとしても移住後の経済活動がうまくいくことが保証されているわけではない。一〇万ブルを持参財として用意したこの女性についても、結婚してバハルダルに移住したが、夫が事業に失敗して財産を失って離婚している。しかし、持参財をもたらす結婚は、移住を決断する大きなきっかけとなる。

3-4　母が世帯主の女性

二〇一一年の調査時には、母が世帯主の女性は九人おり、そのうち四人が学生だった。二〇一六年時点でも学生なのは、職業訓練学校（TVET）に進学した一人である。それ以外の三人は、八年生のときに進級できず結婚した者、バハルダルの私立学校でコンピュータのディプロマを取得してそのままバハルダルで就職した者、大学卒業して公務員になった者と、その進路はさまざまである。

二〇一六年の時点でも学生である一人を除いた八人について検討する。現在もJ町に居住している女性は三人であり、都市部在住は四人、中東への出稼ぎが一人となっている。引き続きJ町に居住している女性三人のうち一人は上述の八年生で進級できず結婚した女性であり、夫は長期出稼ぎで不在である。本人の経済活動は幼い子どもがいることもあり、市の日に紅茶を提供する程度である。二人目は二〇一一年の調査当時未婚のシングルマザーであり、その状況は変化していない。三人目は、未婚のシングルマザーとなったのち、日雇い労働に従事している男性と結婚していた。本人は、市の日に香辛料などを販売している。

次に、J町から都市部に移出した四人についてもさまざまである。二〇一一年に学生だった二人については、二〇一六年には一人は大学を卒業して公務員となり、もう一人はコンピュータのディプロマを取得してバハルダルで就職して二〇一八年にバハルダルで運転手と結婚し、仕事は継続している。残りの二人は、一人はアムハラ州北部のフメラに移住して働いているということであるが、詳細は不明である。もう一人は、元々ヘルスワーカーとしてJ町で働いていたが、二〇一三年に遠方の地域への転勤を命じられたのを機に退職し、二〇一五年に結婚してバハルダル在住である。

このグループの追跡調査からわかるのは、J町に引き続き居住している女性たちと、移出していく女性たちとの間ではその学歴や婚姻ステータスなどが異なっていることである。最終学歴でみると、前者は六～八年生修了であり、後者は全員が一〇年以上を修了し大卒もいる。また、前者については未婚のシングルマザーであったり、結婚していても夫は日雇い労働や長期出稼ぎ労働に従事しているなど、経済的に恵まれているとはいいがたい。

女性世帯主の世帯が経済的劣位にあるとは必ずしもいえないが、経済機会を求めて多くの若年層の女性がJ町外へと移住していく中で、若年層の女性がJ町にとどまっている世帯については、経済的には劣位にあることを示唆している。このような状況は他のグループについても当てはまる。都市部に移住することは経済的上昇を保証するものではないが、自発的な移住を選択する時点で、コストを伴う移住のリスクを取れることを示しており、経済的に優位な立場にある者が移住を選択している。

J町での経済活動は、非農業部門によるものが中心となっているが、それとともに重視されるようになったのが、子どもへの教育投資である。二〇〇〇年から始まったＭＤＧｓにおける教育重視の方針を背景に、エチオピアでは小学校が農村部にも多く増設され、教育機会が拡大した。それも相まって、二〇一一年の若年層女性の調査では、急速に女性の教育年数が伸びていることがわかった。J町出身の女性とそれ以外の地域から移入してきた女性では、前者の就学年数の方が長いことから、非農業就労が活発なJ町では、アクセスが良いことに加えて、子どもの教育への投資意欲が高いことがわかる。

ただし、教育を受けた女性の希望する職種はJ町にはなく、多くの女性が都市部への移住を望んでいた。その一方、都市部で就職するのに十分な学歴を獲得できる女性は、少数にとどまっているという実態も明らかとなった。追跡調査では、単身ではなく結婚して夫婦で都市部に移住をしている場合もあった。単身での都市への移住が難しい若年層の女性は、都市への移住志向の高い男性と結婚することで、都市部への移住を可能にしていた。

現在のJ町は、非農業の経済活動の集積地として機能している一方で、新たな産業を生み出すような存在にはなることはできず、消費・サービス都市としての役割にとどまっている。農村部が土地不足によって疲弊していることを考えると、J町もその影響から逃れることはできない。J町からは教育を受けた若年層が移出している状況を鑑みると、村落地区でも増加していく就学経験のある若年層をJ町がどこまで吸収することができるのかについては疑問が残る。J町は引き続き土地をもたない人々の非農業就労のための受け皿ではあるかもしれないが、人々の移動の流れはJ町を経由することなく、直接大きな都市へと移動していく形を取り始めているのである。

注

＊1　ウステ郡教育局からの筆者聞き取り。

＊2　ウステ郡教育局提供データより。

＊3　第2章注12でも述べたが、二〇一九／二〇年度から、一〇年生時に行われていた中等教育資格試験は廃止され、一二年生対象のエチオピア高等教育入学資格試験（EHEECE）のみとなっている（Ministry of Education 2021/22, 58）。

＊4　ただし、これは単年度のデータのため、試験の合格率を直接示すものではない。例えば、その年の一〇年生の生徒の定員が増員されていたのであれば、合格率は実際よりも低くなる。一一年生への合格率は、人数の少ない前年度の一〇年生の学生数をもとに計算すべきであり、その場合合格率はもっと高くなる。

＊5　アムハラ州教育局提供データより。

＊6　親に経済的に依存しているグループには就学中の学生も含まれており、最終学歴はさらに高くなると考えられる。

＊7　ビリヤード台を使うゲームの一種。

＊8　エチオピアの主食の一つであり、イネ科の植物テフを原材料として、クレープ状に薄く焼いたものである。

＊9　内一人は、母が離婚後再婚した相手（義理の父）の死亡である。

＊10　食事時に食卓代わりに使用される高さ一メートルほどの大きさのものである。

＊11　男性から経済的援助を受けたことのある複数の女性への聞き取りでは、多くの場合、子どもを出産すると男性の関係が終了していた。この点については、父親である男性から聞き取りができなかったため、その具体的な理由は不明である。ただし、調査地の人々との会話では、女性が子どもを出産した後に、子どもの父が金銭的援助をしないことに対する批判は聞かれなかった。

＊12 この女性の場合は一〇年生を修了後、職業訓練校で建築を二年間学んだ。

＊13 具体的に挙げられたものとしては衛生に関する知識であり、教育内容についてのコメントはなかった。たとえば好きな科目を質問した場合、言っていることがわかるからという理由でアムハラ語を挙げる場合も複数あった。

＊14 なお、サウジアラビアへ出稼ぎに行った四人のうち二人は、二〇一八年にはエチオピアに帰国しており、現在バハルダル在住である。

＊15 一USドル＝一八・三ブル（二〇一二年の結婚当時）。

終章　農村変容と若者の選択

ヒデーンは、アフリカ社会主義時代の国家と農民との関係を前提に、外部からの介入を拒み従来の生活を墨守する農民像を提示した。そしてブライソンは、経済自由化の流れの中にあるアフリカ農村がグローバリゼーションに飲み込まれていく構図を提示した。一九九一年に社会主義体制が崩壊し経済自由化へと舵を切ったエチオピアの農村社会では、この三〇年の間にどのような変化がみられたのだろうか。

序章では、エチオピアの農村変容を解明するにあたって二つの課題を設定した。第一の課題は、農村における土地をめぐる制度や慣習が、国家による土地政策の影響を受けながらどのように変化しているのかという点である。土地の圧倒的な不足の中で、国家による土地管理制度のもと、人々の実際の土地制度の実践の解明を試みた。

第二の課題は、土地不足の深刻化と並行して増加していると考えられる、非農業就労の実態の解明である。調査地の農村は、多くが農業を主な経済活動としており、非農業就労は農作業における日雇いなどに限定される。そのため、農村世帯のメンバー、特に若い世代は世帯内にとどまらないで、新たな生計を営むために世帯外さらには地域外に移動していた。かつては親の家に隣接する形で息子が家を建てて新たな世帯を形成していたが、土地不足の深刻な調査地では、農村を離れて他地域へと移動していく場合が多い。経済機会の多い大都市へと移動する場合も確かに多いが、その受け皿の一つとして農村に隣接する町がある。農村の世帯からいなくなった人々がどのような生計を営んでいるのか。さらに、その町の新しい世代がどのようなライフコースを選んでいるのだろうか。国家による土地政策や教育政策などでより大きな影響を受けていると考えられる若年層の女性のライフコースの変化を明らかにすることで、農村変容の方向性を見通すことを目指した。

終章では、これらの課題に対して本書がどのように解明を進めたのかを論じる。

1　土地をめぐる制度の実践

ＥＰＲＤＦは、アムハラ州で一九九一年に土地再分配を行い、全国レベルの土地政策の一環として二〇〇〇年代以降に土地登記と土地法の制定など土地管理制度の整備を進めてきた。これらの政策は、これまで実践されてきた土地制度とは異なる性質をもっている。土地保有権はそれまで世帯単位で取り扱われていたが、ＥＰＲＤＦによる土地政策では個人単位で土地保有権を付与するようになった。この方針によって、調査地における土地制度は大きく変化した。

まず、一九九一年に行われたＥＰＲＤＦによる土地再分配では、成人に対して性別を問わず土地を割り当てた。それによって、当時結婚していた夫婦は世帯としては単身者の二倍の面積を獲得するとともに、その土地の共同保有権者となった。それ以前は夫方居住婚の慣習のもと、婚入先で妻が土地保有権を獲得することはひじょうに困難であったが、この土地再分配によって婚入先であっても女性が土地を保有することが可能になった。

結婚が成立している間はその土地を夫婦で耕作するため、法律上の土地保有権の帰属は大きな問題にはならない。しかし、離婚するときには財産分与を行う必要があるため、実際の土地保有権が誰に帰属しているのかが判明する。調査では、土地再分配で土地を割り当てられた夫婦が離婚するときには、夫と妻との間で土地を分割し、各自がその土地の保有権を確保していたことが明らかとなった。女性は離婚しても婚入先で得た土地を保有し続けることができるようになったのである。これまでは、夫方居住婚の慣習によって、離婚時には嫁ぎ先から追い出されるだけだった女性が、土地保有権を保持できるということは、これまでの土地に関する慣習における大きな変化となる。

男性優位社会といわれるアムハラ社会において、男性に不利にみえる変化が可能になったことは、奇異に思える。法律で定められた女性の土地保有権が実際に確保できた背景には、女性が土地を保有し、他者に貸し出すことでより多くの人が土地へのアクセスが可能になったことが挙げられる。一九九一年の土地再分配以降新たな土地分配は行われず、それ以降に成人した男女には、国家によって土地を割り当ててもらえる機会はほとんどなくなった。レイトカマーである若年層が土地にアクセスするためには、親から分割贈与を受けるか、土地を借りるしか選択肢がない。一方、離婚女性の場合は、土地を保有していても、その土地から離れて出身地に戻る者が大半であるうえ、耕作のための労働力不足のために土地を貸し出す傾向にある。その結果、土地再分配の機会を逃した若年層にとっては、借地という形で土地にアクセスできる貴重な機会となる。土地再分配が人々に受け入れられたのは、女性の地位向上のために人々が賛同したというよりも、その地区に居住する多くの男性にもたらされる利益が存在していたからと考えられる。このような土地の貸借における直接の受益者は、若年層の男性と土地保有権をもつ離婚女性である。夫側には受け入れがたい変化であるが、各世帯には若年層の男女もいることを考えると、夫である男性一人が土地を独占するよりも、土地へのアクセスの機会が広がることになる。さまざまな人々がその変化を承認することによって、社会全体がその変化を受容し、新たな制度として組み入れられていくことになったといえる。

土地再分配の次に国家が着手したのは、土地登記や土地法を通して土地保有権の所在を明確にすることであった。調査地では、国家によって定められた詳細な手続きにのっとって行政地区の末端まで土地管理制度が機能していた。土地管理制度は土地保有権を明確にし、土地に関する紛争を減少させる役割を果たしていた。新たな土地法は、女性個人の土地保有権の保証だけでなく、伝統的な慣習とは異なる相続順位などを制定している。それでも人々が新しい土地管理制度を受け入れているのは、土地不足が深刻化した結果、土地に関する係争は死活問題であると同時に、当事者同士の話し合いで解決することが困難となっているからである。土地問題をなんらかの形で終息させるためには当事者以外の強制力が必要であり、国家による法の執行がその役割を果たしている。

調査地では人々は国家による土地政策を受け入れていた。人々の土地へのアクセスの機会を増やすとともに、頻発する土地紛争を強制的にでも解決してくれるという利点があるからである。

ただし、土地制度を整備することは土地保有権の保証や紛争の解決には重要ではあるが、それ自体は土地不足の根本的な解決にはならない。人々は政府による土地管理制度を受け入れる一方で、別の形の土地制度を実践していた。結婚時の慣習を変更することで土地へのアクセスを確保しようとしたのである。元々アムハラの結婚では、男性側と女性側で同等の資産を持参財として用意しなければならない。伝統的には持参財は牛を中心とした家畜などの動産に限られており、土地は夫側が用意するものであった。特に牛耕用の牛を多数所有することは、富の象徴であった。しかし、土地保有面積が縮小していく中で、牛耕用の牛の必要性が低下するのと同時に、土地の価値が大きく上昇した。このような状況で、新たな慣習として女性も結婚時に親から土地を分割贈与してもらって「持参」することが持参財に加わったのである。

この慣習は筆者がこの地域の人々に確認したかぎりでは古いものではなく、ＥＰＲＤＦ政権になってから生まれたものである。それにもかかわらず、双方が土地を準備できなければ結婚することは難しいと人々が語るほど、広く浸透した慣習となっている。この慣習は国の土地政策とは直接の関係はない。土地不足という生計に直結する問題を解決するために、人々が進んで既存の慣習を変えることを選択していたのである。

しかし、このような対応もまた、土地不足自体を解決することはできない。土地再分配によって土地を獲得した世代の次の世代にあたる若年層の世代では、さらに土地の細分化が進み、土地保有面積が生計が維持できる水準をすでに大幅に下回っている。

村落地区内における収入稼得機会は、自営での農業を除くと、日雇いでの農業賃労働や土地賃貸に限られている。そのため多くの男性が出稼ぎ労働に従事することで、農業からの収入を補填していた。若年層については、男性も女性もアディスアベバやバハルダルなどの大都市へと移出して非農業就労に従事するようになっていった。このような状況下で生じるのは、ブライソンらによる「脱＝農業化」の議論の中で指摘していた「農村居住者の空間的な移転の長期にわたる過程」（Bryceson 1997a, 4）に類似している。経済自由化による都市部における経済活動の活発化は、プル要因として農村からの若年層を中心とした移動をもたらしたといえるが、その一方で、農村から農村外への移動をもたらすプッシュ要因は、エチオピア・アムハラ州の場合、農村部が経済自由化によって困窮したからというよりも土地細分化による土地不足が主な原因となっている。したがって、ブライソンらの「脱＝農業化」の議論によって、アムハラ州の農村変容のすべてを説明できるというわけではないが、農村変容自体はブライソンが見通した「脱＝農業化」の過程に類似していることは確かである。

2　非農業就労の実態と町の役割

農村から農村外への移動先の選択肢の一つが、村に隣接した町への移動である。農業中心の村に隣接する「町」は、男女問わず非農業就労を提供する受け皿として機能しており、居住者の大半が非経済部門における経済活動に従事している。町では周辺農村に居住していた男性だけでなく、女性も移入者として多く受け入れており、農村部と比較すると町における女性世帯主の割合が高い。ＥＰＲＤＦ政権は女性の土地保有権を認める方向にあるとはいえ、一九九一年の土地再分配に参加できなかった場合は、土地不足のために男女ともに土地を保有することは困難である。特に女性の場合は、女性世帯主となった場合、その土地にとどまることが困難であり、再婚するのでなければ農業以外の経済活動を行う必要が生じる。農村内ではそのような機会はなく、非農業就労を提供する土地への移出が選択肢の一つである。

町はこのような女性たちの受け皿になってきたが、女性が主に従事しているのは飲食業や零細な商業であった。町における女性の経済活動は、飲食業に極端に偏っていたが、その理由として就学経験の低さまたは欠如を挙げることができる。二〇〇三年の調査では、ほとんどの女性に就学歴がなかった。識字や計算能力がなければ参入できる職種は限られる。逆にいえば、識字や計算能力がなくても女性が参入できる場を町が提供してきたともいえる。

しかし、女性の就学率の向上とともに、女性が町に求める役割は変化している。進学率の上昇は女性の意識変化をもたらしており、結婚する前に経済的に自立するために都市で就労したいという希望が多く聞かれた。就学経験のある女性は地ビール屋経営のような経済活動ではなく、事務などの雇用労働を求めるようになっており、求められる職種に変化が起きている。しかし、町ではこのような職業を提供することはできないため、多くの若年層の女性が町から移出している。

若年層の女性が非農業就労をめざすとともに、そのライフコースにも変化が生まれている。近年の若年層の女性の特徴としては、就学年数と結婚年齢の上昇が挙げられる。特に、学業修了してから結婚するまでの間にモラトリアム期間があり、子どもから成人の間の移行期間である「若者」期間が生まれている。ごく最近まで学業を中断して結婚するというライフコースが一般的であったことを考えると大きな変化である。そこには、娘の結婚を心配する親の意向も反映されている。非農業就労に従事している男性と結婚するためには、その男性に釣り合う学歴が必要であると考えている親は、女子にも教育投資を行っていた。そして、親が意図したことではないと思われるが、若年層の女性の意識は教育を受けることで変化している。女性たちは親の言うとおりに結婚するのではなく、経済的自立をめざすようになっている。このような変化は、若年層の女性の町からの移出を促進させることになる。

町は引き続き周辺からの移入者を受け入れているが、同時に移出も進行している。町における経済活動の多くは、周辺農民の消費需要に依存したものであり、農村が疲弊すれば町の経済活動も停滞することになる。確かに町には非農業部門の経済活動が多く存在しているとはいえ、農民の経済活動から自立した形での経済は成立していない。その意味では町自体にも成長の限界があり、若年層を中心に移出が進むことになる。

本書では、アムハラ州農村部において、深刻化する土地不足の問題に直面している人々が、どのような生計活動を行っているのかを解明することをめざした。彼らの生計活動は、国家の土地政策の影響を受けて変化している。そして国家の土地政策を受け入れるのと並行して、土地のアクセスを増やすために、国家が関与していない慣習さえも変えて対応していた。

しかし、土地不足に対するさまざまな戦略は、以前よりも効率的に土地にアクセスすることが可能になったかもしれないが、土地面積の絶対量が増えたわけではないので、長期的には行き詰まることは明らかである。まず、村落地区の人々は土地不足による農業からの収入の減少を出稼ぎ労働によって補填していた。それでも生計を維持することが困難な場合は、農村から町や都市へ移出して、非農業部門の経済活動を中心とした生計活動に移行していた。また、就学経験を得ることで、積極的に非農業就労を選択している場合もある。このような変化は短期で起きるのではなく、親の世代から子どもの世代へと時代が移行していく中で、親の世代と子の世代のさまざまな選択の積み重ねの中でうまれている。

このような人々の移動を伴う生計活動の変化は、農村を閉じた空間として調査を行うのではなく、そこから去って行く人々についても把握する必要があることを示している。村にとどまってなんとか土地をやりくりしている農民の生計活動を理解することも必要であるが、それさえもできずに村を去った人々の生計活動も理解することによって、農村変容のダイナミズムの全容を理解することができるのである。

おわりに

初めて私がエチオピアの地に足を踏み入れたのは、一九九五年である。それからすでに三〇年近くがたつ。町で私が住んでいた家の大家一家の子どもたちの多くは成人し、この町から出ていった。顔見知りたちも一緒に年を重ね、「お前も年とったなあ」と失礼な挨拶をしてくる人もいる。そして鬼籍に入ってしまった人もいる。年長者は温かく迎えてくれるが、調査で出会った若者たちの多くは調査地を離れ、もはや彼らが里帰りでもしなければ会うことはできない。

そして二〇二〇年から始まった新型コロナウイルス感染拡大と、アムハラ州と隣接するティグライ州で始まった内戦、さらにはアムハラ州全体に広がった若者主体と思われる反政府勢力による政情不安によって、調査地を訪問することもままならなくなった。首都アディスアベバには二〇二二年にようやく訪れることができたものの、調査地には行けないままとなっている。

本書は、二〇一九年度に京都大学大学院アジア・アフリカ地域研究研究科に提出した博士論文を大幅に改稿したものである。以下の章では、本章の刊行にあたって、すでに発表済みの論考に加筆、修正を行った。第4章は、「エチオピアにおける土地政策の変遷からみる国家社会関係」武内進一編『アフリカ土地政策史』（アジア経済研究所、二〇一五年）、第5章は「土地を獲得する女性たち――アムハラの結婚は変わるのか？」石原美奈子編『現代エチオピアの女たち――社会変化とジェンダーをめぐる民族誌』（明石書店、二〇一七年）、第6章・第7章は、「農村部を領域化する国家――エチオピア・アムハラ州農村社会の土地制度の事例」武内進一編『現代アフリカの土地と権力』（アジア経済研究所、二〇一七年）を下敷きにして大幅に加筆・修正を行っている。

本書は、ひじょうに多くの方々のご支援、ご指導によって執筆および出版することができた。ここで改めて深く謝意を表したい。すべてのお名前を挙げると膨大な数になってしまうので、特にお世話になった方々に言及させていただくことをご理解いただけると幸いである。

まずは博士論文を執筆するにあたってご指導いただいた京都大学大学院アジア・アフリカ地域研究研究科の池野旬氏、重田眞義氏、金子守恵氏に、謝意を表したい。特に池野先生には、ご多忙にもかかわらず真摯なコメントを下さり、最後まで付き合ってくださったことは本当に感謝してもしつくせない。

そして、アジア経済研究所のアフリカ研究者の皆様には、一九九四年の入所から、研究者としてのイロハから教えていただき、常に忌憚ないコメント、ご助言をいただいてきた。上述の池野氏はアジア経済研究所の先輩でもある。また、武内進一氏（東京外国語大学）には、主査をされている研究会に声をかけていただいた。その成果はこの博士論文の一部となっている。さまざまな研究会でともに委員となったアジア経済研究所内外の研究者の方々からは、常に的確なご助言をいただいてきた。そして、エチオピア研究の先輩や仲間である研究者の方々にも御礼申し上げたい。これもまたきりがないが、中でもアムハラ語の師匠でもある石原美奈子氏（南山大学）には本当にさまざまな場でご助言をいただいてきた。

エチオピアでは、運転手としてともにエチオピア中を回ることになったテゲンニ・フィルダウォク（Tegegne Firdawok）氏、アムハラ語とともにエチオピアの文化を教えてくれたハレグウォイニ・ケベデ（Haregewoin Kebede）氏には本当にお世話になった。また、客員研究員として籍を置かせていただいたアディスアベバ大学開発学部には感謝している。私は開発学部（当時は開発調査研究所）初めての客員研究員だったらしいのだが、実現に尽力してくれたアブドゥルハミッド（Dr. Abdulhamid Bedri Kello）氏に感謝をささげたい。

紙幅の都合ですべての人の名前をここに挙げることはできないが、この場を借りて深く御礼申し上げる。

そしてもっとも感謝すべきは、ふらりと現れた私を受け入れてくれた調査地の人々である。私のつたないアムハラ語での調査に付き合ってくれたすべての人々に感謝しているが、特に大家であったアレム（Alem）一家、チェアマンのタッデセ（Taddese）氏、村長のベライ（Belay）氏には心からの感謝の気持ちを示したい。

一九九八年から二〇一六年までに行われた調査研究活動は、アジア経済研究所による海外派遣員制度、海外調査員制度による長期滞在の成果も大きいが、以下に挙げる研究助成金も大きな助けとなった。関係者および関係機関の皆様には厚く御礼を申し上げる。

・日本学術振興会、科学研究費助成事業　基盤研究（Ｂ）「ＮＧＯ活動の作りだす流動的社会空間についての人類学的研究――エチオピアを事例として」（研究代表者：宮脇幸生、課題番号２５３０００４９、二〇一三年四月〜二〇一八年三月）
・日本学術振興会、科学研究費助成事業　基盤研究（Ｂ）「現代エチオピア国家の形成と農村社会における女性の役割に関する実証的研究」（研究代表者：石原美奈子、課題番号２６３０００３６、二〇一四年四月〜二〇一六年三月）
・日本学術振興会、科学研究費助成事業　挑戦的萌芽研究「エチオピア農村女性の中東への国際労働移動についての実証分析」（研究代表者：児玉由佳、課題番号１６Ｋ１３１３２、二〇一六年四月〜二〇二〇年三月）

本書の出版では、昭和堂の松井久見子氏、永田大樹氏、土橋英美氏にご尽力いただいた。博論の大幅な改稿にあたり、なにかと遅れがちになってしまったが、温かく見守っていただき、なんとか出版にこぎつけることができた。深く感謝を申し上げたい。

一連の研究は、家族の協力なくしては成り立たなかった。長期の赴任や出張などに送り出してくれた夫正統と、イギリスやエチオピアに訳もわからず一緒に来てくれた娘の実花には、最大の謝意を表したい。

そしてこの本は、自由な生き方を後押ししてくれた両親、母順子と二〇二三年四月に鬼籍に入った父勇に捧げたい。

本当にありがとうございました。

二〇二四年一二月吉日

児玉由佳

索　引

あ行

か行

さ行

た行

な行

は行

ま行

ら行

わ行

参考文献

〈日本語文献〉

池野旬　1993「タンザニアの構造調整政策」『アフリレカポート』16：45-48頁。

石川博樹　2009『ソロモン朝エチオピア王国の興亡――オロモ進出後の王国史の再検討』山川出版社。

石原美奈子　2006「「移動する人々」の安全保障――エチオピアの自発的再定住プログラムの事例」望月克哉編『人間の安全保障の射程――アフリカにおける課題』アジア経済研究所、193-249頁。

岩田拓夫　2010『アフリカの地方分権化と政治変容』晃洋書房。

遠藤貢　2005「「民主化」から民主化へ？――「民主化」後ザンビアの政治過程と政治実践をめぐって」『アジア経済』46（11・12）：10-38頁。

大坪玲子　2019「嗜好品研究の最前線」『嗜好品文化研究』（4）：138-140頁。https://doi.org/10.34365/shikohinbunka.2019.4_138

小倉充夫　1989「社会主義エチオピアにおける農業政策と農村社会の再編成」林晃史編『アフリカ農村社会の再編成』アジア経済研究所、35-65頁。

児玉由佳　2001「エチオピアの経済自由化政策と社会変容――皮流通の事例」高根務編『アフリカの政治経済変動と農村社会』アジア経済研究所、279-306頁。

――　2009「農村部における女性世帯主の公共圏への参加」児玉由佳編『現代アフリカ農村と公共圏』アジア経済研究所、267-303頁。

――　2015 a「2015年エチオピア総選挙――現政権圧勝後の展望」『アフリカレポート』53：62-67頁。

――　2015 b「エチオピアにおける土地政策の変遷からみる国家社会関係」武内進一編『アフリカ土地政策史』アジア経済研究所、225-254頁。

――　2017「農村部を領域化する国家――エチオピア・アムハラ州農村社会の土地制度の事例」武内進一編『現代アフリカの土地と権力』アジア経済研究所、107-137頁。

――　2020 a「エチオピア――混乱からの前進か、さらなる混乱か」『アフリカレポート』5：29-40頁。https://doi.org/https://doi.org/10.24765/africareport.58.0_29

――　2020 b「湾岸アラブ諸国に渡航するエチオピア人女性――就業機会を求めて」児玉由佳編『アフリカ女性の国際移動』アジア経済研究所、39-82頁。

――　2022「エチオピア内戦――収束への長い道のり」『国際問題』707：49-56頁。

――　2024「エチオピアの民族連邦制――憲法と実態の乖離の検討」佐藤章編『サハラ以南アフリカにおける憲法をめぐる政治』アジア経済研究所。

――　近刊「「アムハラ」民族の再形成――民族ナショナリズムの背景」宮脇幸生・石原美奈子・眞城百華編『変貌するエチオピアの光と影』春風社。

佐川徹　2016「フロンティアの潜在力――エチオピアにおける土地収奪へのローカルレンジの対応」遠藤貢編『武力紛争を越える――せめぎ合う制度と戦略のなかで』京都大学学術出版会、119-149頁。

島津侑希　2014「エチオピアにおける国家開発戦略としての産業技術教育・職業訓練（TVET）制度改革――1990年～2010年の政策文書に見るTVETの位置づけの変遷と量的拡大」『国際教育協力論集』17（1）：63-75頁。

津田みわ　2005「「民主化」とアフリカ諸国」『アジア経済』46（11・12）：2-9頁。

高橋基樹　2010『開発と国家――アフリカ政治経済論序説』勁草書房。

松村圭一郎　2008『所有と分配の人類学――エチオピア農村社会の土地と富をめぐる力学』世界思想社。

峯陽一　1999『現代アフリカと開発経済学――市場経済の荒波のなかで』日本評論社。
山﨑孝史　2016「境界、領域、「領土の罠」――概念の理解のために」『地理』61（6）：88-96頁。
山田肖子　2006「「万人のための教育（Education for All: EFA）」国際開発目標が途上国内で持つ意味――エチオピア国における政府と家計へのインパクト」GRIPS Development Forum　Discussion Paper No.15, https://gdforum.sakura.ne.jp/ja/newpage2008/publications.htm#DiscussionPaper

〈外国語文献〉

エチオピア人の姓名は姓に父親の名を使用している。本書では、エチオピア人の著者名は、名・姓で表記した。本文では、姓（父親の名）ではなく、名で表記している。

Aalen, Lovise and Kjetil Tronvoll 2009 "The End of Democracy? Curtailing Political and Civil Rights in Ethiopia", *Review of African Political Economy* 36 (120) : 193-207.
Abeje Berhanu 2012 *The Rural-Urban Nexus in Migration and Livelihoods Diversification: A Case Study of East Este Wereda and Bahir Dar Town, Amhara Region*, Addis Ababa: OSSREA.
Agbahey, Johanes U.I., Harald Grethe and Workneh Negatu 2015 "Fertilizer Supply Chain in Ethiopia: Structure, Performance and Policy Analysis", *Afrika Focus* 28 (1) (doi:?https://doi.org/10.21825/af.v28i1.4740).
Aklilu Kidanu and Alemu Tadesse 1994 "Rapid Population Growth and Access to Farm Land: Coping Strategies in Two Peasant Associations in North Shoa." Dessalegn Rahmato ed., *Land Tenure and Land Policy in Ethiopia after the Derg*, Torondheim, University of Trondheim.
Alemayehu Lirenso 1990 "Villagization: Policies and Prospects." S. Pausewang, F. Cheru, S. Brune and E. Chole ed., *Ethiopia: Rural Development Options*, London and New Jersey, Zed Books, pp.135-143.
―― 1992 "Economic Reform and Agricultural Decooperativisation in Ethiopia: Implications for Agricultural Production in the 1990s", Mekonen Taddesse ed., *The Ethiopian Economy: Structure, Problems and Policy Issues*, Addis Ababa: Addis Ababa University Press, pp.81-104.
Amnesty International 2016 "Ethiopia: 25 Years of Human Rights Violations", Amnesty International, June 2, 2016. https://www.amnesty.org/en/documents/afr25/4178/2016/en/
Bahru Zewde 2002 *A History of Modern Ethiopia, 1855-1991* (*2nd edition*), Addis Ababa, Addis Ababa University Press.
―― ed. 2010 *Documenting the Ethiopian Student Movement: An Exercise in Oral History*, Addis Ababa, Forum for Social Studies.
―― and Siegfried Pausewang 2002 *Ethiopia: the Challenge of Democracy from Below*, Uppsala and Addis Ababa, Nordic Africa Institute and Forum for Social Studies.
Baird, Timothy D. and Clark L. Gray 2014 "Livelihood Diversification and Shifting Social Networks of Exchange: A Social Network Transition?", *World Development* 60 : 14-30.
Baker, Jonathan 1994 "Small Urban Centres and their Role in Rural Restructuring", *Ethiopia in Change: Peasantry, Nationalism Democracy*, London & New York, British Academic Press, pp.152-171.
―― 2012 "Migration and Mobility in a Rapidly Changing Small Town in Northeastern Ethiopia", *Environment & Urbanization* 24 (1) : 345-367.
Barrett, C. B., T. Reardon, and P. Webb 2001 "Nonfarm Income Diversification and Household

Livelihood Strategies in Rural Africa: Concepts, Dynamics, and Policy Implications", *Food Policy* 26 (4) : 315–331.

Bates, Robert H. 1981 *Markets and States in Tropical Africa: The Political Basis of Agricultural Policies*, Berkeley and Los Angeles, University of California Press.

Berhanu Nega, Berhanu Adenew, and Samuel Gebre Sellasie 2003 "Current Land Policy Issues in Ethiopia", *Land Reform* 3 : 103–154. http://www.fao.org/tempref/docrep/fao/006/y5026e/y5026e02.pdf

Berihun M. Mekonnen, and Harald Aspen 2010 "Early Marriage and the Campaign against it in Ethiopia", Harald Aspen, Birhanu Teferra, Shferaw Bekele and Svein Ege eds., *Research in Ethiopian Studies: Selected Papers of the 16th International Conference of Ethiopian Studies, Trondheim July 2007*, Wiesbaden, Harrassowitz, pp.432–443.

Berry, Sara 1993 *No Condition is Permanent: The Social Dynamics of Agrarian Change in Sub-Saharan Africa*, Madison, University of Wisconsin Press.

—— 2004 "Reinventing the Local? Privatization, Decentralization and the Politics of Resource Management: Examples from Africa", *African Study Monographs* 25 (2) : 79–101.

Bezabih Emana 2009 *Cooperatives: a Path to Economic and Social Empowerment in Ethiopia*, Geneva, ILO.

Brüne, Stefan 1990 "The Agricultural Sector: Structure, Performance and Issues (1974–1988)", S. Pausewang, F. Cheru, S. Brune and E. Chole eds., *Ethiopia: Rural Development Options*, London and New Jersey, Zed Books, pp.15–29.

Bradford Brown, B., and Reed W. Larson 2002 "The Kaleidoscope of Adolescence: Experiences of the World's Youth at the Beginning of the 21 Century", B. Bradfordbrown, Reed W. Larson and T.S. Saraswati eds., *The World's Youth: Adolescence in Eight Regions of the Globe*, Cambridge, Cambridge Univ Press, pp.1–20.

Bryceson, Deborah Fahy 1997a "De-agrarianisation in Sub-Saharan Africa: Acknowledging the Inevitable", Deborah Fahy Bryceson and Vali Jamal eds., *Farewell to Farms: De-agrarianisation and Employment in Africa*, Hampshire, Ashgate Publishing Ltd., pp.3–20.

—— 1997b "De-agrarianisation: Blessing or Blight?", Deborah Fahy Bryceson and Vali Jamal eds., *Farewell to Farms: De-agrarianisation and Employment in Africa*, Hampshire, Ashgate Publishing Ltd., pp.237–256.

——, and Vali Jamal 1997 *Farewell to Farms: De-Agrarianisation and Employment in Africa*, Hampshire, Ashgate.

——, Cristóbal Kay, and Jos Mooij 2000 *Disappearing Peasantries? Rural Labour in Africa, Asia and Latin America*, London, Intermediate Technology Publications.

Central Statistical Agency 2010 *The 2007 Population and Housing Census of Ethiopia: Results for Amhara Region, Part III: Statistical Report on Population Dynamics (Fertility, Mortality and Migration Conditions of the Population)*, Addis Ababa, Central Statistical Agency.

—— 2011 *Statistical Abstract 2011/2012 (DVD)*, Addis Ababa, Central Statistical Agency.

—— 2020 *Statistical Report on The 2020 Urban Employment Unemployment Survey*, Addis Ababa, Central Statistics Agency.

Chinigò, Davide. 2015 "The Politics of Land Registration in Ethiopia: Territorialising State Power in the Rural Milieu", *Review of African Political Economy* 42 (144) : 174–189.

Clay, Jason W, and Bonnie K Holcomb 1986 *Politics and the Ethiopian Famine: 1984–1985*, Cambridge, Mass, Cultural Survival, Inc.

Cliffe, Lionel 1987 "The Debate on African Peasantries", *Development and Change* 18 (4) : 625–635.

Cohen, John M., and Dov Weintraub 1975 *Land and Peasants in Imperial Ethiopia: The Social Background to a Revolution*, Assen, Van Gorcum.

Crewett, Widke, and Benedikt Korf 2008 "Ethiopia: Reforming land tenure", *Review of African Political Economy* 35 (116) : 203-220.

Daniel W. Ambaye 2015 *Land Rights and Expropriation in Ethiopia*, Cham, Springer.

Deininger, Klaus, Daniel Ayalew Ali, Stein Holden, and Jaap Zevenbergen 2008 "Rural Land Certification in Ethiopia: Process, Initial Impact, and Implications for Other African Countries", *World Development* 36 (10) : 1786-1812.

—— and Hans Binswanger 1999 "The Evolution of the World Bank's Land Policy: Principles, Experience, and Future Challenges", *The World Bank Research Observer* 14 (2) : 247-276

Dejene Aredo 1993 *The Informal and Semi-Formal Financial Sectors in Ethiopia: A Study of the Iqqub, Iddir, and Savings and Credit Co-Operatives*, Nairobi, African Economic Research Consortium.

Dessalegn, Rahmato 1984 *Agrarian reform in Ethiopia*, Uppsala, Scandinabian Institute of African Studies.

—— 1990 "Cooperatives, State Farms and Smallholder Production", S. Pausewang, F. Cheru, S. Brune and E. Chole eds., *Ethiopia: Rural Development Options*, London and New Jersey, Zed Books, 100-110.

—— 1994a "Land Policy in Ethiopia at the Crossroads", Dessalegn Rahmato ed., *Land Tenure and Land Policy in Ethiopia after the Derg: Proceedings of the Second Workshop of the Land Tenure Project*, Trondheim, University of Trondheim, pp.1-20.

—— 1994b "The Unquiet Countryside: The Collapse of 'Socialism' and Rural Agitation, 1990 and 1991", Abebe Zegeye and Siegfried Pausewang eds., *Ethiopia in Change: Peasantry, Nationalism and Democracy*, London, British Academic Press, 242-279.

—— 2008 "Ethiopia: Agriculture Policy Review", Taye Assefa ed., *Digest of Ethiopia's National Policies, Strategies and Programs*, Addis Ababa, Forum for Social Studies, 129-151.

—— 2011 *Land to Investors: Large-Scale Land Transfers in Ethiopia*, Addis Ababa, Forum for Social Studies.

de Waal, Alexander 2002 "Realising Child Rights in Africa: Children, Young People and Leadership", Alexander De Waal and Nicolas Argenti eds., *Young Africa Realising the Rights of Children and Youth*, Trenton and N.J., Africa World, pp.1-28.

Donham, Donald. 2002 "Old Abyssinia and the New Ethiopian Empire: Themes in Social History", Donald L. Donham and Wendy James eds., *The Southern Marches of Imperial Ethiopia*, Oxford, James Currey, 3-48.

Dunning, Harrison C. 1970 "Land Reform in Ethiopia: a Case Study in Non-development", *UCLA Law Review* 18 : 271-307.

EEA/EEPRI 2002 *A Research Report on Land Tenure and Agricultural Development in Ethiopia*, Addis Ababa, Ethiopia Economic Association/Ethiopian Economic Policy Research Institute.

Ege, Svein 2002 "Peasant Participation in Land Reform: The Amhara Land Redistribution of 1997", Bahru Zewde and S. Pausewang eds., *Ethiopia: the Challenge of Democracy from Below*, Uppsala & Addis Ababa, Nordiska Africainstitutet & Forum for Social Studies, pp.71-86.

Ellis, Frank 1988 *Peasant Economics: Farm Households and Agrarian Development* (*Second edition*), Cambridge, Cambridge University Press.

—— 2000 *Rural Livelihoods and Diversity in Developing Countries*, Oxford, Oxford

University Press.
EPA 1997 *The Conservation Strategy of Ethiopia Volume I: The Resources Base, its Utilization and Planning for Sustainability*, Addis Ababa, Environmental Protection Authority and Ministry of Economic Development and Cooperation.
Eshetu, Chole 1990 "Agriculture and Surplus Extraction", S. Pausewang, F. Cheru, S. Brune and E. Chole eds., *Ethiopia: Rural Development Options*, London and New Jersey, Zed Books, pp.89-99.
Eshetu, Gurmu, and Ruth Mace 2013 "Determinants of Age at First Marriage in Addis Ababa, Ethiopia", *Journal of Social Development in Africa* 28 (1) : 87-109.
Fafchamps, Marcel, Bereket Kebede, and Agnes R. Quisumbing 2009 "Intrahousehold Welfare in Rural Ethiopia", *Oxford Bulletin of Economics and Statistics* 71 (4) : 567-599.
—— and Agnes Quisumbing 2005 "Assets at Marriage in Rural Ethiopia", *Journal of Development Economics* 77 (1) : 1-25.
Gebissa Yigezu Wendimu and Manuel Tejada Moral 2021 "The Challenges and Prospects of Ethiopian Agriculture", *Cogent Food & Agriculture* 7 (1) doi:10.1080/23311932.2021.1923619
Gebru Tareke 1996 *Ethiopia: Power & Protest: Peasant Revolts in the Twentieth Century*, Lawrenceviille, Red Sea Press.
Gilkes, Patrick 1975 *The Dying Lion: Feudalism and Modernization in Ethiopia*, New York, St. Martin's Press.
—— 2015 "Elections and Politics in Ethiopia, 2005-2010", P. Gérard and É. Ficquet eds., *Understanding Contemporary Ethiopia: Monarchy, Revolution and the Legacy of Meles Zenawi*, London, Hurst, 313-331.
Gudeta Zerihun 2009 "How Successful the Agricultural Development Led Industrialization Strategy (ADLI) will be Leaving the Existing Land Holding System Intact: A Major Constraints for the Realization of ADLI's Targets?", *Ethiopian e-Journal for Research and Innovation Foresight* 1 (1) : 19-35. http://www.nesglobal.org/eejrif4/index.php?journal=admin&page=article&op=view&path%5B%5D=7&path%5B%5D=85
Haile, Gabriel Dagne 1994 "Early Marriage in Northern Ethiopia", *Reproductive Health Matters* 2 (4) : 35-38.
Hoben, A. 1973 *Land Tenure among the Amhara of Ethiopia: The Dynamics of Cognatic Descent*, Chicago, University of Chicago Press.
Human Rights Watch 1997 "Ethiopia: The Curtailment of Rights", *Human Rights Watch*, December 9 1997. https://www.hrw.org/legacy/reports/1997/ethiopia/
Huntingford, G.W.B. 1965 "The Land Charters of Northern Ethiopia: Introduction", G.W.B. Huntingford ed., *The Land Charters of Northern Ethiopia*, Addis Ababa, Haile Sellassie I University, 1-28.
Hyden, Goran 1980 *Beyond Ujamaa in Tanzania: Underdevelopment and an Uncaptured Peasantry*, London, Heinemann.
—— 1983 *No Shortcuts to Progress: African Development Management in Perspective*, Berkeley & Los Angeles, Univ of California Press.
—— 1986 "The Anomaly of the African Peasantry", *Development and Change* 17 (4) : 677-705.
—— 1987 "Final Rejoinder", *Development and Change* 18 (4) : 661-667.
IOM 2022 "Funding Needed to Assist Over 100,000 Ethiopian Migrants Returning from the Kingdom of Saudi Arabia", *International Organization for Migration*, March 30, 2022. https://www.iom.int/news/funding-needed-assist-over-100000-ethiopian-migrants-returning-kingdom-saudi-arabia
Jones, Nicola, Bekele Tefera, Guday Emirie, and Elizabeth Presler-Marshall 2018 "'Sticky'

Gendered Norms: Change and Stasis in the Patterning of Child Marriage in Amhara, Ethiopia", Caroline Harper, Nicola Jones, Anita Ghimire, Rachel Marcus and Grace Kyomuhendo Bantebya eds., *Empowering Adolescent Girls in Developing Countries: Gender Justice and Norm Change*, London and New York, Routledge, 43-61.

Kane, Thomas Leiper 1990 *Amharic-English Dictionary Volume II*, Wiesbaden, Otto Harrassowitz.

Kasfir, N. 1986 "Are African Peasants Self-Sufficient?", *Development and Change* 17 (2) : 335-357.

Keller, Edmond J. 1988 *Revolutionary Ethiopia: from Empire to People's Republic*, Bloomington and Indianapolis, Indiana University Press.

—— 1994 "The United States, Ethiopia and Eritrean Independence", Tekle Amare ed., *Eritrea and Ethiopia: From Conflict to Cooperation*, New Jersey, Red Sea Press, 169-185.

Kefyalew Endale 2011 "Fertilizer Consumption and Agricultural Productivity in Ethiopia ", *EDRI Working Paper 003*. https://elibrary.acbfpact.org/acbf/collect/acbf/index/assoc/HASH0ef0/805a4dc3/af2c66c2/b2.dir/EDRI0007.pdf.

Kuma Tirfe, and Abraham Mekonnen 1995 "Grain Marketing in Ethiopia in the Context of Recent Policy Reforms", Dejene Aredo and Mulat Demeke eds., *Ethiopian Agriculture: Problems of Transformation*, 203-228.

Lautze, Sue, Yacob Aklilu, Angela Raven-Roberts, Helen Young, Grima Kebede and Jenifer Leaning 2003 *Risk and Vulnerability in Ethiopia: Learning from the Past, Responding to the Present, Preparing for the Future*, Boston, Feinstein International Famine Center, Tufts University and Inter-University Initiative on Humanitarian Studies and Field Practice.

Lavers, Tom 2012 "'Land Grab as Development Strategy? The Political Economy of Agricultural Investment in Ethiopia", *Journal of Peasant Studies* 39 (1) : 105-132.

—— 2017 "Land Registration and Gender Equality in Ethiopia: How State Society Relations Influence the Enforcement of Institutional Change", *Journal of Agrarian Change* 17 (1) : 188-207.

Lefort, René 2007 "Powers-Mengist-and Peasants in Rural Ethiopia: the May 2005 Elections", *The Journal of Modern African Studies* 45 (02) : 253-273.

—— 2010 "Powers-Mengist-and Peasants in Rural Ethiopia: the Post-2005 Interlude", *The Journal of Modern African Studies* 48 (03) : 435-460.

—— 2012 "Free Market Economy, 'Developmental State' and Party-State Hegemony in Ethiopia: the Case of the 'Model Farmers'", *The Journal of Modern African Studies* 50 (04) : 681-706.

Levine, Donald N. 2000 *Greater Ethiopia: the Evolution of a Multiethnic Society (2nd edition)*, Chicago & London, University of Chicago Press.

Lockot, Hans Wilhelm 1998 *Bibliographia Aethiopica II: the Horn of Africa in English Literature*, Vol. 2, Wiesbaden, Otto Harrassowitz Verlag.

Mains, Daniel 2012 *Hope is Cut: Youth, Unemployment, and the Future in Urban Ethiopia*, Philadelphia, Temple University Press.

Manor, James 1999 *The Political Economy of Democratic Decentralization*, Washington, D.C., World Bank.

Marcus, Harold. G. 1994 *A History of Ethiopia*, Berkeley, University of California Press.

Mekonnen Lulie 1999 "Land Reform and Its Impact on the Environment: The Case of Gidan Woreda", Taye Assefa ed., *Food Security through Sustainable Land Use: Policy on Institutional, Land Tenure, and Extension Issues in Ethiopia (Proceedings of the First*

National Workshop of NOVIB Partners Forum on Sustainable Land Use), Addis Ababa, NOVIB Partners Forum on Sustainable Land Use, 175-201.

Merera Gudina 2011 "Elections and democratization in Ethiopia, 1991-2010", *Journal of Eastern African Studies* 5 (4) : 664-680.

Ministry of Agriculture and Natural Resources 2017 "Land Proclamation", Ministry of Agriculture and Natural Resources. http://www.moa.gov.et/ja/proclamationland（2017年2月9日閲覧）

Ministry of Education 2021/22 *Educational Statistics Annual Abstract (ESAA) 2014 E.C/2021/22, Federal Ministry of Education*, Addis Ababa, Education Management Information System (EMIS) and ICT Directorate.

Mintewab Bezabih, Stein Holden and Andrea Mannberg 2016 "The Role of Land Certification in Reducing Gaps in Productivity Between Male-And Female-Owned Farms in Rural Ethiopia", *The Journal of Development Studies* 52 (3) : 360-376.

MoFED (Ministry of Finance and Economic Development) 2002 *Ethiopia: Sustainable Development and Poverty Reduction Program*, Addis Ababa, MoFED. https://www.imf.org/external/np/prsp/2002/eth/01/073102.pdf

Mulatu Wubneh 1993 "The Economy", Thomas P Ofcansky and LaVerle Bennette Berry eds., *Ethiopia, a Country Study*（*Fourth Edition*）, Washington D.C., Federal Research Division, Library of Congress, 143-205.

Mulugeta Debebbe Gemechu 2012 "Decentralization in Ethiopia: The Case of Dendi District, West Shoa Zone, Oromia; Concept and Process", Doctoral Dissertation, Faculty of Spatial Planning, Technische Universität Dortmund.

National Bank of Ethiopia 1987/88 *Quarterly Bulletin*, Fiscal Year Series, 3 (3), 3rd Quarter 1987/88, Addis Ababa, National Bank of Ethiopia.

—— 1999 *Quarterly Bulletin*, Fiscal Year Series 14 (4), Fourth Quarter, 1998/99, Addis Ababa, National Bank of Ethiopia.

—— 2009 Annual Report 2008/2009, Addis Ababa, National Bank of Ethiopia.

—— 2011 Annual Report 2010/2011, Addis Ababa, National Bank of Ethiopia.

—— 2022, 2021/22 *Annual Report*, Addis Ababa, National Bank of Ethiopia.

OCHA/ReliefWeb 2017 "Ethiopia: Amhara Region Administrative Map（as of 15 Aug 2017）" https://reliefweb.int/sites/reliefweb.int/files/resources/21_adm_amh_081517_a0.pdf（2019年11月14日閲覧）

Office of the Population and Housing Census Commission 1991 *The 1984 Population And Housing Census of Ethiopia: Analytical Report at National Level*, Addis Ababa, Central Statistical Authority.

—— 1998 *The 1994 Population and Housing Census of Ethiopia: Results for Amhara Region, Volume II: Analytical Report*. Addis Ababa, Central Statistical Authority.

Office of the Population Census Commission n.d. *The 2007 Population and Housing Census of Ethiopia: Statistical Tables for the 2007* [CD-ROM], Addis Ababa, Central Statistical Agency of Ethiopia.

Pankhurst, Alula 1990 "Resettlement: Policy and Practice", S. Pausewang, Fantu Cheru, S. Brüne and Eshetu Chole, *Ethiopia: Rural Development Options*, London and New Jersey: Zed Books, 121-134.

Pankhurst, Helen 1992 *Gender, Development and Identity: an Ethiopian Study*, London, Zed Books.

Pankhurst, Richard 1961 *An Introduction to the Economic History of Ethiopia from Early times to 1800*, London, Lalibela House.

—— 1966 *State and land in Ethiopian History*, Vol. 3, Addis Ababa, Institute of Ethiopian

Studies.

—— 1985. *The History of Famine and Epidemics in Ethiopia Prior to Twentieth Century.* Addis Ababa: Relief and Rehabilitation Commission.

Pausewang, Siegfried 1983 *Peasants, Land, and Society: a Social History of Land Reform in Ethiopia*, Vol. 110, München, Weltforum Verlag.

—— 1990 ""Meret Le Arrashu" Land Tenure and Access to Land: A Socio-historical Overview", S. Pausewang, F. Cheru, S. Brune and E. Chole eds., *Ethiopia: Rural Development Options*, London and New Jersey, Zed Books, 38-48.

Pausewang, Siegfried, Kjetil Tronvoll and Lovise Aalen eds. 2002 *Ethiopia since the Derg: a Decade of Democratic Pretension and Performance*, London, Zed Books.

Perham, Margery 1969 "The Government of Ethiopia", London, Faber & Faber.

Piguet, Francois and Alula Pankhurst 2009 "Migration, Resettlement & Displacement in Ethiopia", Alula Pankhurst and Francois Piguet eds., *Moving People in Ethiopia: Development, Displacement & the State*, Suffolk, James Currey, 1-22.

Sack, Robert David 1986 *Human Territoriality: Its Theory and History*, Vol. 7, Cambridge, Cambridge University Press.

SARDP (SIDA-Amhara Rural Development Program) 2010 *Land Registration and Certification: Experiences from the Amhara National Regional State in Ethiopia*, SIDA.

Scoones, I. 1998 *Sustainable Rural Livelihoods: A Framework for Analysis*, IDS Working Paper Vol. 72 Brighton, Institute of Development Studies.

Scott, James C. 1976 *The Moral Economy of the Peasant: Rebellion and Subsistence in Southeast Asia*, New Haven, Conn. & London, Yale University Press.

Solomon Abebe 2006 "Land Registration System in Ethiopia: Comparative Analysis of Amhara, Cromia, SNNP and Tigray Regional States", G. Abegaz S. Bekure, L. Frej and Solomon Abebe eds., *Standardization of Rural Land Registration and Cadastral Surveying Methodologies: Experiences in Ethiopia*, Addis Ababa, Ethiopia-Strengthening Land Tenure and Administration Program (ELTAP), 165-188.

Sosina Bezu and Stein Holden 2014 "Demand for Second-Stage Land Certification in Ethiopia: Evidence from Household Panel Data", *Land Use Policy* 41 : 193-205.

Teferi Abate 1994 "Land Scarcity and Landlessness in North Shewa: A Case Study from Wayu and Anget Mewgiya PA", Dessalegn Rahmato ed., *Land Tenure and Land Policy in Ethiopia after the Derg*, Torondheim, University of Trondheim, 95-116.

—— 1998 *Land, Capital and Labour in the Social Organization of Farmers: A Study of Household Dynamics in Southwestern Wollo, 1974-1993*, Addis Ababa, Department of Sociology and Social Administration, College of Social Sciences, Addis Ababa University.

Teferra Haile-Selassie 1997 *The Ethiopian Revolution, 1974-1991: From a Monarchical Autocracy to a Military Oligarchy*, London & New York, Kegan Paul International.

Teshale Tiberu 1995 *The Making of Modern Ethiopia: 1896-1974*, New Jersey, The Red Sea Press.

Teshome Mulat 1994 "Trends in Government Expenditure Finance", Mekonen Taddesse and Abdulhamid Bedri Kello eds., *The Ethiopian Economy: Problems of Adjustment: Proceedings of the Second Annual Conference on the Ethiopian Economy*, Addis Ababa, Addis Ababa University Printing Press.

Tilson, Dana and Ulla, Larsen 2000 "Divorce in Ethiopia: the Impact of Early Marriage and Childlessness", *Journal of Biosocial Science* 32 (03) : 355-372.

The Conversation 2023 "Ethiopia's Education System is in Crisis ? Now's the Time to Fix It", November 23, https://theconversation.com/ethiopias-education-system-is-in-crisis-nows-the-time-to-fix-it-217817（2024年6月11日閲覧）

The News International 2023 "Barely Three Percent of Ethiopia High School Students Pass Exam", October 10, *The News International*. https://www.thenews.com.pk/print/1117742-barely-three-percent-of-ethiopia-high-school-students-pass-exams（2024年6月11日閲覧）

UNDESA 2020 *International Migrant Stock 2020*, New York, United Nations Department of Economic and Social Affairs, Population Division.

USAID 2008 "Education and Law Deter Early Marriages in Ethiopia", *Frontlines*, December-January 2008.

van der Mheen-Sluijer, Jennie and Francesco Cecchi 2011 *Benefiting from the Gold Rush-Improving Smallholder Sesame Production in Ethiopia through Contract Farming*, Wageningen, Wageningen University and Research Centre. https://library.wur.nl/WebQuery/wurpubs/fulltext/187140

Vaughan, Sarah 2011 "Revolutionary Democratic State-Building: Party, State and People in the EPRDF's Ethiopia", *Journal of Eastern African Studies* 5 (4) : 619-640.

Waters-Bayer, Ann and Brigid Letty 2010 "Promoting Gender Equality and Empowering Women through Livestock", Frans Swanepoel, Aldo Stroebel and Siboniso Moyo eds., *The Role of Livestock in Developing Communities: Enhancing Multifunctionality*, Bloemfontein, SUN MeDIA Bloemfontein, 31-50.

Williams, Gabin 1987 "Primitive Accumulation: The Way to Progress?", *Development and Change* 18 (4) : 637-59.

Women's Affairs Office and World Bank 1998 *Implementing the Ethiopian National Policy for Women: Institutional and Regulatory Issues*, Washington, D.C., World Bank.

Wondwosen Tamrat 2019 "Universities vs TVET-Are Attitudes the Problem?", *University World News (Africa Edition)*, https://www.universityworldnews.com/post.php?story=20190315095852544（2019年3月20日閲覧）

World Bank 1981 *Economic Memorandum on Ethiopia*, World Bank. https://documents1.worldbank.org/curated/en/435501468256148344/pdf/multi0page.pdf

—— 1997 *World Development Report 1997: The State in a Changing World*, Oxford, Oxford University Press.

Yeraswork Admassie 2009 "Lessons from the Food-for-Work Experience of the 1970s and 80s: The Case of Project Ethiopia 2488—Rehabilitation of Forest, Grazing and Agricultural Lands", *the 16th International Conference of Ethiopian Studies*, Trondheim July 2007, Trondheim.Yigremew,Adal 2001 *Land Redistribution and Female-Headed HJouseholds: A Study in Two Rural Communities in Northwest Ethiopia*, FSS Discussion Paper No.5, Addis Ababa, Forum for Social Studies.

Yigremew Adal 2001 *Land Redistribution and Female-Headed Households: A Study in Two Rural Communities in Northwest Ethiopia*, Addis Ababa: Forum for Social Studies, FSS Discussion Paper No.5.

Yohannes Habtu 1997 "Farmers Without Land: The Return of Landlessness to Rural Ethiopia", Deborah Fahy Bryceson and Vali Jamal eds., *Farewell to Farms: De-agrarianisation and Employment in Africa*, Hampshire, Ashgate Publishing Ltd, 41-59.

Young, John 1997 Peasant Revolution in Ethiopia: The Tigray People's Liberation Front, 1975-1991. Cambridge: Cambridge University Press.

Zemelak Ayele 2011 "Local Government in Ethiopia: Still an Apparatus of Control?", *Law, Democracy & Development* 15 (1) : 133-159.

Zenabaworke Tadesse 2003 "Women and Land Rights in the Third World: The Case of Ethiopia," *Women and Land in Africa: Culture, Religion and Realizing Women's Rights*, London and New York, Zed Books, 67-95.

■著者紹介

児玉由佳（こだま ゆか）
アジア経済研究所主任研究員。
博士（地域研究）。専門はエチオピア地域研究。
主な著作
「「アムハラ」民族の再形成——民族ナショナリズム台頭の背景」（『変貌するエチオピアの光と影』宮脇幸生・石原美奈子・眞城百華編、分担執筆、春風社、近刊）
「エチオピアの民族連邦制——憲法と実態の乖離の検討」（『サハラ以南アフリカの憲法をめぐる政治』佐藤章編、分担執筆、アジア経済研究所、2024年）
「湾岸アラブ諸国に渡航するエチオピア人女性——就業機会を求めて」（『アフリカ女性の国際移動』、編著、アジア経済研究所、2000年）
「土地を獲得する女性たち——アムハラの結婚は変わるのか？」（『現代エチオピアの女たち——社会変化とジェンダーをめぐる民族誌』石原美奈子編、分担執筆、明石書店、2017年）

地域研究ライブラリ 9
エチオピア農村社会の変容
——ジェンダーをめぐる慣習の変化と人々の選択

2025 年 3 月 28 日　初版第 1 刷発行

著　者　児 玉 由 佳
発行者　杉 田 啓 三

〒 607-8494　京都市山科区日ノ岡堤谷町 3-1
発行所　株式会社　昭和堂
TEL（075）502-7500 ／ FAX（075）502-7501
ホームページ　http://www.showado-kyoto.jp

印刷　モリモト印刷

ISBN978-4-8122-2408-3